有趣的数学

148 道数学脑筋急转弯

【法】路易·德波 / 著　谢洁莹 / 译

S

上海科学技术文献出版社

Shanghai Scientific and Technological Literature Press

图书在版编目（CIP）数据

有趣的数学：148道数学脑筋急转弯／（法）路易·德波著；谢
洁莹译．—上海：上海科学技术文献出版社，2021
ISBN 978-7-5439-8369-4

Ⅰ.① 有… Ⅱ.①路…②谢… Ⅲ.①数学—普及读物 Ⅳ.
① O1-49

中国版本图书馆 CIP 数据核字（2021）第 136244 号

Originally published in France as:
Pour le plaisir de se casser (un peu) la tête - 148 (petits) problèmes très amusants,
by Louis Thépault
©DUNOD, Paris, 2006
Simplified Chinese language translation rights arranged through Divas International,
Paris 巴黎迪法国际版权代理（www.divas-books.com）

Copyright in the Chinese language translation (Simplified character rights only) ©
2021 Shanghai Scientific & Technological Literature Press

图字：09-2017-557

选题策划：张　树
责任编辑：王　珺
封面设计：合育文化

有趣的数学：148道数学脑筋急转弯
YOUQU DE SHUXUE: 148DAO SHUXUE NAOJIN JIZHUANWAN
[法]路易·德波　著　谢洁莹　译
出版发行　上海科学技术文献出版社
地　　址　上海市长乐路 746 号
邮政编码　200040
经　　销　全国新华书店
印　　刷　常熟市人民印刷有限公司
开　　本　720mm×1000mm　1/16
印　　张　13.75
字　　数　177 000
版　　次　2021 年 8 月第 1 版　2021 年 8 月第 1 次印刷
书　　号　ISBN 978-7-5439-8369-4
定　　价　48.00 元
http://www.sstlp.com

目　　录

第九章　逻辑推理　　　　　　　　　　　　　　75

第十章　寻找消失的文字　　　　　　　　　　89

第十一章　填字游戏

第一章
趣味热身20题

在趣味数学题中,速解题相对简单,这类题目的已知条件简短,虽不能立即得出答案,却能在几分钟甚至几秒钟内找到解题方法;其答案需略加思索。

本章节提供习题若干,其中亦有传统经典例题,姑且浅尝开胃,以飨后章节之主菜。

请问在数字 2 和 3 之间添上哪个算术符号可以得到一个大于 2 且小于 3 的数?

▶答案:135 页

数字 69 无论用阿拉伯数字或液晶字体表示,可在颠倒之后仍保持数字不变。同样,罗马数 XIX(译者注:19)颠倒之后亦不变。

请问哪个数字用法语字母拼写①也可在颠倒后仍保持不变?

▶答案:135 页

在计算器上显示一个数,然后将计算器颠倒过来,此时计算器上显示

——————————

① 译者注:法语数字的拼写形式请参看附录1。

有趣的数学

出一个罗马数字,该数恰好是原数的三倍,请问原数是多少?

▶答案:135 页

移动下图中的任一火柴棒,使得算式成立。

▶答案:135 页

将两个数字 1、两个数字 2 和两个数字 3 分别填入下面的空格中,请问怎样填才能使得两个数字 1 之间相隔一个数字,两个数字 2 之间相隔两个数字,两个数字 3 之间相隔 3 个数字?

▶答案:135 页

第6题　三个质数

三个质数之和为 10000。请问三个质数当中数值最小的那个是多少?

提示:1 不为质数。

▶答案:136 页

第7题　自指句

Cette phrase comporte un seul mot de trois lettres.

(中文意思:本句只含有一个三字母单词。)

上面这个句子被称为自指句,即句子所表达的意思只适用于该句本身。您可以验证:在该句中的确只有"mot"这一个单词是三个字母的。

那么,请问在下面这个句子的空白处填入哪些数也可使得该句成为一个自指句? 当然,这些数必须用字母拼写①?

Cette pharse comporte 　　　mots② de 　　　lettres.

(本句含有_____个_____字母单词)。

▶答案:136 页

---

① 译者注:法语数字的拼写形式请参看附录1。

② 译者注:mot 和 mots 均为"单词"的意思,mots 是 mot 的复数形式。

在这个呈镜面对称的除法算式中,AB 为被除数,BA 为除数,B 为商和余数,请问 A 和 B 的值分别是多少?

$$
\begin{array}{cc|cc}
A & B & B & A \\
\hline
B & & B & \\
\end{array}
$$

▶答案:136 页

左边乘法等式中的五个数字各不相同,现如右图所示调换位置。

乘数与被乘数的十位数互调位置,被乘数的个位数保留原位,两式的运算结果也恰好对调位置。

请问这两个等式各为什么?

$$
\begin{array}{ccc} & A & B \\ \times & & C \\ \hline = & D & E \end{array}
\qquad
\begin{array}{ccc} & C & B \\ \times & & A \\ \hline = & E & D \end{array}
$$

▶答案:136 页

第 10 题 雅克的年龄

2006 年 3 月生日那天，出生于 20 世纪的雅克说："我现在的年龄正好等于我出生年份的四个数字之和。"

请问雅克出生于哪一年?

▶答案:136 页

第 11 题 递增与乘法

在下面这个乘法等式中，A、B、C、D、E 代表不同的数字，并且从左向右依次递增。请问这几个字母的值分别是多少?

$$A \times BC = DE$$

▶答案:136 页

第 12 题 文字等式

D	I	X	+	D	E	U	X	=	D	O	U	Z	E

根据上图，下列方格中分别该填入哪些字母才能使得等式成立? 要求

有趣的数学

每组方格中填入的字母必须为一个用字母拼写的法语数字①。本题有四解。

注意：连字符不计格数。

▶答案：137 页

下列 0～9 十个数字中，分别用"＋"和"＝"替换某个数字，然后将剩余数字中的两个对调位置，使得等式成立。

| 8 | 4 | 5 | 3 | 7 | 9 | 0 | 2 | 6 | 1 |

▶答案：137 页

通过哪种简单的操作能使得下面的算式成立？

$$\frac{82}{8951} = 95$$

▶答案：137 页

---

① 译者注：法语数字的拼写形式请参看附录1。

第 15 题 巧移细绳

细绳全长 2 米,一端系于长度为 1.6 米的横杆顶端,另一端系于可在横杆上滑动的圆环上。此时,细绳弧圈的弧长随着圆环与横杆顶端的距离的改变而改变。

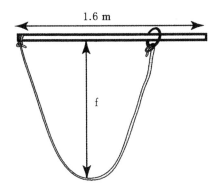

请问当弧圈弧长恰好为 1 米时,圆环与横杆顶端的距离为多少?

▶答案:137 页

第 16 题 巧分方块

请问如何用两根弧线将一个正方形分割成形状完全相同的四等分?
下图所示非正解。

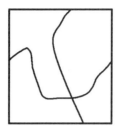

▶答案：138 页

第 17 题　巧拼蜂窠

下图所示的六个图形完全相同。请问如何拼接才能得到一个由七个六边形组成的蜂窠？

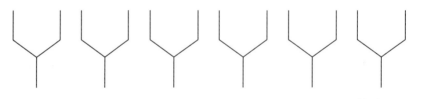

▶答案：138 页

第 18 题　俄罗斯人的故事

人行道上，两个俄罗斯人在聊天。其中一人是另一人儿子的父亲。请问这两人是什么关系？

▶答案：138 页

第 19 题　奇怪的动物园

我的动物园有些不寻常,里面养着四只 autruche①,三条 couleuvre②,十四匹 cheval③,三头 zèbre④,六个 mulet⑤ 和五头 âne⑥,这些动物总共有 35 个脑袋和 96 条腿。请问这可能吗?

▶答案:138 页

第 20 题　多少个 3

将数 1～1000 全部书写一遍,请问数字 3 要写多少次?

▶答案:138 页

接下来的章节中,还会出现一些速算题。希望这些速算题在稍后那些或难或易的习题中带给您片刻的轻松。

---

① autruche:鸵鸟(译者加注)。
② couleuvre:蛇(译者加注)。
③ cheval:马(译者加注)。
④ zèbre:斑马(译者加注)。
⑤ mulet:骡子或鲻鱼(译者加注)。
⑥ âne:驴。

第二章
时间问题

推算时间或推算过去发生的事情,在数学趣味题中一直是热门话题,介绍此类题目的专著和文章也很常见。

在与时间推算相关的问题中,指针、数字钟表与内容丰富的日历是最常见的题目类型。当然年龄也是一个经典话题。

第21题　代沟

杰罗姆对父亲说:"我今年的年龄正好与你的年龄相反。"

父亲说:"去年,我的年龄是你的两倍。"

请问父亲今年的年龄是多少?

▶答案:139 页

第22题　祖父的年龄

西尔维今年的年龄正好与她祖父的年龄相反。当西尔维活到她祖父现在这个年纪的时候,假如她的祖父仍健在,那么祖父的年龄是西尔维今年年龄的两个数字的中间再加一个 0。

请问西尔维今年几岁?

▶答案:139 页

第23题　博物馆的挂钟

钟表博物馆的大门上,挂有一架电子钟,钟面由 10 个显示屏组成。

该钟除了时间之外还能同时显示日、月、年①。当日期小于每月 10 号时，那么第一格条屏将不会显示出数字 0。同样地，当钟点早于 10 点时，第七格条屏也不会显示数字 0。

1993 年 4 月 26 日，博物馆正式落成，现场嘉宾有幸在 17 点 58 分时看到了 0～9 这十个数字同时显示在了钟面上。

请问，您能推算出同样的情况最近一次出现是在哪一天？在几点钟？

▶答案：139 页

———————————

① 译者注：法语日期的数字表达格式是固定的，从左到右依次为日、月、年。

第 24 题　推算日期

　　1987 年 6 月 25 日对您来说也许只是一个平常的日子。但这一天却是 20 世纪可用 8 个数值各异的数字来表示日期的最后一天,比如可将 1987 年 6 月 25 日表示成 25-06-1987①。

　　请问在下一个千年中,从哪一天开始表示日期的 8 个数字又会各不相同?

▶答案:140 页

第 25 题　圣·俄拉莉钟楼的挂钟

　　6 点整,圣·俄拉莉钟楼鸣钟六下,第一下钟声与第六下钟声之间相隔 5 秒。请问,7 点整时,第一下与第四下钟声之间将相隔几秒?

▶答案:140 页

第 26 题　巴希勒神父的挂钟

　　1990 年 7 月 1 日,巴希勒神父发现挂钟日历显示为 31 号星期天,

① 译者注:法语日期的数字表达格式是固定的,从左到右依次为日、月、年。

而非 1 号星期天①。他决定调准日历。日历与表针不共用一个发条。美中不足在于,当转动日历发条时,星期与日期会同时转动,两者同进同退。

　　发条转动一整圈,则星期转动 7 天,日期转动 31 格。

　　请问,巴希勒神父需要将发条转动几圈才可使得挂钟上的日历正好显示为 1 号星期天?

▶答案:140 页

第 27 题　破译年龄

　　1986 生日那天,梵尚·米兰说:"假如将我的出生年份用字母表示,那么今年我的年龄与表示我出生年份的那个数字所包含的字母个数相等。"

　　请问梵尚·米兰生于哪一年?

▶答案:140 页

第 28 题　黑色星期五②

　　某些年份会有三个黑色星期五。如 1998 年:2 月 13 日,3 月 13 日和

---

① 　译者注:法语中,表达日期经常同时采用星期和日期,比如 31 号星期天,就表示这一天是 31 号同时也是星期天。

② 　译者注:星期五和数字 13 都代表着坏运气,两个不幸的个体最后结合成超级不幸的一天。所以,不管哪个月的十三日又恰逢星期五就叫"黑色星期五"。

11月13日恰好都是星期五。这种情况在每个始于星期四的非闰年都会发生。

请问,闰年始于星期几也会有三个黑色星期五?

▶答案:141 页

第 29 题 都在星期二

索菲和她的先生保罗均出生于同一年的某个星期二,且恰巧都碰上节假日,但两人生日不同①。他们结婚那天也是一个星期二,正好是索菲生日的前一天,更巧的是,那年保罗的生日也碰上星期二。索菲和保罗都不到 50 岁。请问两人的生日各是几号?

▶答案:141 页

第 30 题 环游地球 80 夜

19 世纪倒数第二年的最后一天上午 11 时,天文探险家从巴黎出发开始环球旅行。

他始终向西而行。旅行期间,每个夜晚他都会认真观测星象,做好详尽的记录。

某天上午 11 时,他带着花了 80 个夜晚记下的旅行笔记回到了巴黎。

---

① 译者注:法国的节假日情况请见附录 2。

请问,他是哪一天回到巴黎的(要求说出日月年)?

▶答案:141 页

附加题

您知道 Triskaï dekaphobie 是什么意思吗?

▶答案:142 页

第三章
数字与字母

自然数是算术趣味题的基石。这在阿拉伯数字趣味题中已经表现得淋漓尽致。假若将其转换成字母形式的数字呢，还能行不通吗？

字母形式数字为算术趣味题开辟了一条新的道路，尚待发掘。

第31题　各不相同

将自然数集合 N 中那些拼写字母各异的数字挑出来（如：UN、SEPT、VINGT①）。请问这些数中：

- 哪一个数值最大？
- 哪一个包含的字母个数最多？

▶答案：142 页

第32题　另类的罗多游戏

艾罗迪要设计一张罗多表格②，她将 1～49 这些数按照字母先后顺序（如 cinq、deux、dix … vingt-trois③）排列后发现：有六个数，不论按字母先后或数值大小排列，它们在表中所占的位置相同。于是，艾罗迪就将这六个数选进了她的罗多表格中。

请问艾罗迪选择的是哪六个数？

（译者注：传统的罗多表格如下图所示，将数 1～49 从上至下、从左至右按升序排列，游戏的玩法是按照题目所提示的条件找出目标数字）

①　译者注：法语数字的拼写形式请参看附录 1。
②　译者注：罗多游戏为一种猜数游戏。
③　译者注：法语数字的拼写形式请参看附录 1。

	10	20	30	40
1	11	21	31	41
2	12	22	32	42
3	13	23	33	43
4	14	24	34	44
5	15	25	35	45
6	16	26	36	46
7	17	27	37	47
.8	18	28	38	48
9	19	29	39	49

▶答案:142 页

第 33 题　马拉松比赛

500 名选手参加马拉松赛比赛,编号从 1～500。

比赛结束时,我旁边的那位观众提醒我,领奖台上 3 名选手的编号正好含有 0～5 六个数字,且每个数字只用一次。

请注意,假若按照先后到达终点的顺序将他们的编号连起来,每个编号之间可用短横隔开(如 1-2-3),再将其转换为字母数字(如 un-deux-trois),该字母数字为一个三位数,且恰好为最后一个到达终点选手的编号。

请问前 3 名的编号分别为多少? 最后到达终点那位选手编号为多少?

▶答案:143 页

第34题 替补球员(1)

在世界杯足球赛比赛现场,在看台上可看到替补席中每位球员身上的号码。

有关绿队的情况我将稍后再述(请参看第五章)。

现在说说红队的情况:替补席上有 4 名球员。左边 2 名球员的号码组成了一个两位数,该数正好与右边 3 名球员号码相连组成的数字读音相同。

请问红队各名替补球员的号码分别为多少?

提示:每支球队有 22 名球员,编号从 1～22。

▶答案:143 页

第35题 从最长到最短

在下图每格中填入一个字母,使得每行从左到右为一个用字母表示

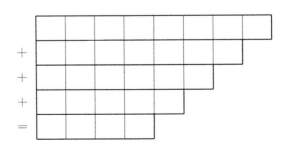

的数字①。

　　且第五行中的数字必须为上面四个数字之和。

　　注意:连字符不计格数。比如,第一行可以填:

V	I	N	G	T	S	I	X

▶答案:143 页

第 36 题　从最短到最长

　　题目要求与上题相同,但这次,四数之和为字数最多的数。数字 ZERO 不在考虑之内。

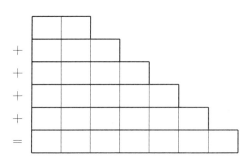

▶答案:144 页

第 37 题　等于自己

　　一个单词的字母总值等于该单词中各个字母在字母表中的序号之和

---

①　译者注:法语数字的拼写形式请参看附录 1。

（如字母 A 为 1，字母 B 为 2，字母 C 为 3，依次类推）。

因此，DEUX 的字母总值为：4 ＋ 5 ＋ 21 ＋ 24 ＝ 54。

请问哪个数字的字母总值最小且该值与该数本身的数值相等①？

▶答案：144 页

第 38 题　数字跳棋

数字跳棋由 90 个格子组成，编号按升序从 1～90。

一开始，只能将棋子放在小于或等于 20 的格中。然后将所在格子的编号转换成字母数字，按照其所含的字母个数前进相应格数。接下来，再将新的格子编号转换成字母数字，按照其所含字母个数前进相应格数。如此反复，直至最终到达编号为 90 或超过 90 的格中。

当心！81 号格为死亡之格，一旦进入就意味失败。但令人泄气的是，除了某一格之外，无论选择哪一个格子起跳，最终都会陷入 81 号格的魔爪，仿佛冥冥之中皆有定数。

请问，从哪一格起跳才能摆脱这种宿命？

注意：所有的数字都以法国法语方式拼写：如 soixante-dix（60）、quatre-vingts（80）、quatre-vingt-dix（90）。

▶答案：145 页

———————

① 法语数字的拼写形式请参看附录 1。

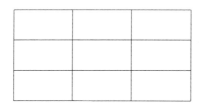

第 39 题　神奇的表格

　　将 UN 至 NEUF 九个字母数字①填入上表，每个格子只能填一个数字且同时满足下列条件：

　　● UN 至 NEUF 这九个数字每个必填

　　● 所有的数字必须用字母拼写

　　● 每个数字与相邻格中的数字必须有一个相同字母，相邻的两格可以是共用一边或共用一角

　　● 最后，每行所填数字的字母个数必须相等

　　该题无需反复替换验算，对照条件逐步推算下来就可找出答案，本题多解。

▶答案: 145 页

――――――――――

① 法语数字的拼写形式请参看附录 1。

第四章
趣味故事

　　趣味故事也许是最传统的数学趣味题型了。从20世纪60年代初中一年级或中级班使用的题目与今天的题目相差无几。该类型的题目往往会对一些连续发生的简单事件或状态进行详尽的描述,这也是此类题型名称的由来。和教材中的习题不同,本章节中习题的解题思路并不因循守旧,答案也非唾手可得。

　　乍一看,似乎只要将所有可能的情况排查一遍即可解题。事实上,解题者往往会在反复的无效排查中迷失方向,只有缜密的逻辑推理才能找到正确答案。

第40题　梨的故事

客厅茶几上放着三筐梨,每筐梨的数量相等。

安德烈走进客厅,从某筐梨中取出一个,并将它放到其余两筐中的某一筐。接着贝尔纳走进来,他从某筐梨中取出两个,并将它们放到其余两筐中的某一筐。最后克劳德进来了,他从某筐梨中取走了四个,并将它们放到其余两筐中的某一筐。

这时,其中一筐梨的数量是它旁边那筐梨的两倍且为第三筐梨的三倍。请问一开始,每筐中各有几个梨?

▶答案:146 页

第41题　苹果的故事

将篮中的苹果平均分成四等份。保罗第一个进来拿苹果,取走某堆之后,又顺手从旁边那堆拿了两个。

雅克取走了剩余三堆苹果中的某堆。由于苹果太多,他又把两个苹果放回到其中一堆。

剩下的两堆苹果是奥里维耶与马克的,其中一堆苹果是另一堆的两倍。

请问一开始每堆各有几个苹果?

▶答案:147 页

第42题　橙子的故事

将水果摊上的橙子分成三堆。为了使其余两堆橙子的数量翻倍,再从第一堆橙子中取出一些并添加到这两堆中。

然后又从第二堆橙子中取出一些,添加到其余两堆橙子中使其数量翻倍。

最后再从第三堆橙子中取出一些,添加到其余两堆橙子中使其数量翻倍。

现在,每堆均有 32 个橙子。

请问一开始每堆有几个橙子?

▶答案:148 页

第43题　鸟的故事

杰拉姆将他的 15 只鸟关在 5 个笼子里,每只笼子 3 只鸟。

从第二天起,杰拉姆每天早晨都会从各个鸟笼中取出一只鸟关在另一个空鸟笼里。

假使每天都有一只空鸟笼装满鸟,那么也总会有一只鸟笼被清空(比如说前一天晚上鸟笼中只关有一只鸟。)

我们暂且乐观地假设一年当中没有任何一只鸟儿死去也没有生下小鸟。

请问,一年之后(以 365 天计算),还有几只笼子关着鸟,并且笼中鸟儿的数量各为多少?

▶答案:148 页

第44题　多米诺骨牌①

弗雷德里克与尼古拉正在玩骨牌接龙。牌局即将结束。每个人手中

---

① 译者注:多米诺骨牌为一种游戏用具。用木、骨或象牙制成,比麻将牌略长。一副牌共 28 张,每张的正面有一直线或凸纹,将骨牌分成两个方区,每一方区用点数标出号码:6-6、6-5、6-4、6-3、6-2、6-1、6-0、5-5、5-4、5-3、5-2、5-1、5-0、4-4、4-3、4-2、4-1、4-0、3-3、3-2、3-1、3-0、2-2、2-1、2-0、1-1、1-0、0-0。现代多米诺骨牌的玩法种类繁多,但其游戏原理大致相同,即把尾数相同或相对的牌配在一起,基本形式为 2 人或 4 人对局。开局后各家轮流出牌,上家出牌后,下家须跟一张尾数相同的牌。有时规定一家在出对牌(两方区内点数相同,如 6-6)后,还可以再出(转下页)

还剩五张牌。轮到弗雷德里克先出牌：他出一张 5-2，尼古拉跟一张 2-6，弗雷德里克出一张 6-6（此时，最后一张对牌已出），尼古拉跟一张 6-4，弗雷德里克出一张 4-3，尼古拉跟一张 3-0。

现在每人手里还剩两张牌。弗雷德里克跟着前面的 3-0 出了一张 0-1，比赛结束。

两个好朋友计算各自的得分。弗雷德里克赢得了比赛，他手中剩下牌的总分比尼古拉少了 4 分。

请问弗雷德里克手中剩下的是哪张牌？

▶ 答案：149 页

第 45 题　家的故事（1）

勒格朗家与贝蒂家一样，家中成员有爸爸、妈妈和孩子。

（接上页）一张点数相同的牌。例如上家先出双 6 的牌，顺时针轮转下一家则要出一张尾数带 6 的牌。再下一家出牌必须和上家的牌尾数相配。出牌时，对牌横着放置，其余牌尾对尾放置。如下一家的牌不能对应上一家出牌的尾数则叫"过"（pass），一家将手中牌全部打完则呼"多米诺"，胜一盘。但此题中，为所出牌面点数居少者为胜。

勒格朗家的孩子,除了其中某一个,都能肯定地说:"我只有一个兄弟。"

而贝蒂家的孩子,除了其中某一个,也都能肯定地说:"我姐妹的人数是兄弟人数的两倍。"

两户人家的孩子人数相同,请问您知道他们家各有几个孩子,男孩与女孩的人数各是多少?

▶答案:150 页

第 46 题　家的故事(2)

每当有人问及家中有几个孩子,杜布瓦夫妇都会回答说:"孩子当中有两人分别叫卡米尔和克劳德。"

问这两个孩子时,卡米尔会说:"我兄弟的人数与姐妹的人数一样多。"克劳德却说:"我姐妹的人数是兄弟的两倍。"

请问杜布瓦夫妇有几个孩子?

▶答案:150 页

第 47 题　硬币的故事

玛琳娜的钱包里共有 8.6 欧元①,全是 20 分和 50 分面额的硬币。

---

① 译者注:一欧元等于 100 欧分,在欧元硬币中,有八种面额的硬币,分别是 1 欧分、2 欧分、5 欧分、10 欧分、20 欧分、50 欧分、1 欧元和 2 欧元。

有趣的数学

硬币总共有 28 枚。请问每种面额的硬币各有多少枚？

▶答案：150 页

第 48 题　塞雷斯汀家的故事

塞雷斯汀夫妇有七个孩子,这些孩子相继出生于六年之中,生日都在 4 月 1 日。

自老大过第一个生日起,他们的祖母每年 4 月 1 日都准备下午茶点为他们庆生。今天又是他们的生日,七个孩子都在。每个孩子都收到了一个插着蜡烛的生日蛋糕,蜡烛的数目与他们的年龄相同。

在数蜡烛的时候,祖母发现今年她买的蜡烛数量是两年前的两倍。

请问祖母今年买了多少根蜡烛?

▶答案：151 页

第 49 题　油漆匠与学徒工

这幢在建大楼中的公寓全都相同。如果单独工作,一个油漆匠粉刷一间客厅需要 10 个小时。如果有学徒工帮忙,两人同时开工同时收工,那么粉刷一间客厅只需 6 个小时。

请问学徒工单独粉刷一个客厅,需要多少时间?

▶答案：152 页

第五章
数字与组合

组合数学题是数学游戏中最难的一个类型。传统的解题方法往往无用武之地,在得出正确答案之前需要进行反复多次的推算。

该类题目现在大部分依靠电子计算机来解决,因为电子计算机可运算所有可能的组合并判断出其中哪些符合题目要求,这种方法对于只有一解的题目尤其有效。

本章所列举的习题都是脑力所能解决的,而且无需反复推算。

第50题　数字组合

将6～10五个数填入最上方的五个格子中。第三行为上方两格数字之和，第四行为上方两格数字之差（如右图所示）。请问(可能有多解)：

将6～10五个数字填入最上方的五个格子中，怎样填才能使得第三行与第四行格中得到的数字各不相同，而不是如右图那样出现重复？

1	2	3	4	5
+				
−				

6	9	7	8	10
1	2	3	4	5
+ 7	11	10	12	15
− 5	7	4	4	5

▶答案：152 页

第51题　一、二、三、四

还是上题中这四个数字

将两个数字1、两个数字2、两个数字3和两个数字4按照下列规则填入表中：

● 两个数字1之间相隔1个数字

● 两个数字2之间相隔2个数字

● 两个数字3之间相隔3个数字

有趣的数学

● 两个数字 4 之间相隔 4 个数字

▶答案:153 页

第 52 题 全部为 14

下图所示的两个骰子组合完全相同,唯一的区别只在于将左边的骰子组合向后转动四分之一圈后,其位置即如右图所示。而且,由于印刷工人粗心大意,正如图所示,骰子的正面是空白的。

骰子组合由 4 个完全相同的小骰子并排组成,但与传统骰子不同,该骰子相对两面的点数并非必须等于 7。这两个四联体的骰子组合,不管转到哪一面,点数之和始终为 14。

请问如若骰面点数之和为 14,那么右图中四个骰子的空白面处分别为多少点?

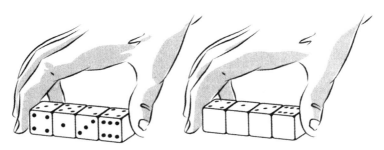

▶答案:153 页

第53题　神奇的四面体

将 1～12 十二个数放至四个三角形的顶角,每个顶角一个数字。

四面体每个顶点的数值为组成该顶点的三个三角形顶角之和。每个三角形的数值为该三角形三个顶角之和。

请问这十二个数怎样摆放才能使得:

1. 四个顶点之和为相连的四个数?

2. 每个三角形三角之和等于相对的顶点之和?

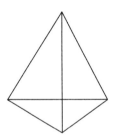

▶答案:154 页

第54题　神奇的五角星

将 0～9 十个数字分别填入五角星的内外圈中,使得各角三数之和全部相等。

请问各角三数之和为多少?

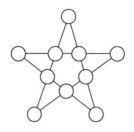

▶答案:154 页

将数字 1～8 填入下图各圈中,如何填才能使得每相邻两个圈中的数字之和全部为质数?

撇开图形的旋转性与对称性,此题有两解。

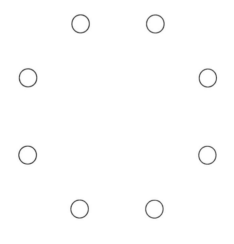

▶答案:155 页

第56题　替补球员(2)

在世界杯足球赛比赛现场,在看台上可看到替补席中每位球员身上的号码。

现在来说一下绿队的情况:5名替补球员都未上场。将他们身上的5个号码连起来可形成了一个八位数的回文数(也就是说这个八位数不论是从左往右念还是从右往左念完全一样)。前四位数各不相同。且这5个号码中,只有两个号码是连续的。

请问绿队这5名替补球员的号码分别是多少?

提示:每支球队有22名球员,编号从1～22。

▶答案:155页

第57题　算术平均数

将数字1～9填入下图中,每格只能填一个数字且每个数字只能使用一次,使得:

● 中间行的数为上下两行数的算术平均数

● 中间列的数为左右两列数的算术平均数

千万别越弄越复杂!

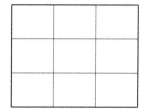

▶答案:156 页

第58题　你好,2007(1)

2007 能被 9 整除,这一特性为许多数学趣味题打开了新的设计思路。不妨试做一二以迎接新年的到来。

将数字 1～4 填入下表第一行和第二行,使得二行数字之差为第三行显示的数字。这道题非常简单,有两解。

▶答案:156 页

第59题　你好,2007(2)

将数字 1～9 填入下图中,每格只能填一个数字且每个数字只能使用一次,使得横向三个数字之和与纵向三个数字之和均等于 2007。

别满足于找出答案。本题有多解，至少找出一解！

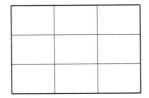

▶答案:157 页

第60题　你好,2007(3)

将数字 1～9 填入下图中，每格只能填一个数字，每个数字只能使用一次，要求横向三个数字与纵向三个数字相加之和等于 2007。

和上一题相同，本题有多解，至少找出一解！

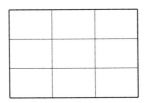

注意：由于 2007 能被 9 整除，所以最后两题才可能有解，这是一个充分但不必要条件。

▶答案:157 页

第六章
字母算式

　　破解字母算式是一种将填字游戏与文字游戏结合在一起的算术趣味题,非常受欢迎。该类型的题目解法变化多样,在教学中运用颇多,极利于培养数学逻辑推理能力。

　　字母算式是一种将数字替换成字母的算术等式,替换规则如下:

　　● 同一个数字始终对应同一个字母

　　● 反之亦然,同一个字母始终对应同一个数字,如果您愿意的话,也可以是两个数字与两个字母两两对应

　　● 除非特别说明,否则所有的音符①不计入内

　　● 任何一个数的首位数不为 0

　　● 当然,每一个等式都是成立的

　　按照上述规则,请破解后面的 10 道题了。请放心,每题只需通过一定的推理与换算即可迎刃而解。

---

①　译者注:法语单词拼写有时会带有音符,比如 évêque,解题时,"é、ê"上方的音符可忽略。

第61题　　　第64题

G R A D E
+ D E G R E
= R A D I A N

O S L O
+ S O F I A
= V I E N N E

第62题　　　第65题

B A N J O
+ P I A N O
= B I N I O U

E R N E S T
+ V I N C E N T
= E T I E N N E

第63题　　　第66题

C A R P E
+ P E R C H E
= H A R E N G

D A M E
D A M E
D A M E
+ D A M E
= C A R R E

▶答案: 158～164 页

第67题　神奇的五格游戏

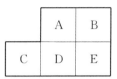

	A	B
C	D	E

假若将数字 C 乘以数 AD,乘积正好为右列纵向数字 BE。

$$C \times AD = BE$$

假若将第一行的数 AB 乘以数字 E,乘积正好为下面一行前两个字母组成的数 CD。

$$AB \times E = CD$$

请问每个字母的值分别是多少？每格中的数字各不相同且不为 0。

▶答案:164 页

第68题　循环换位(1)

A、B、C 分别代表数字,且值不为 0。

ABC＋BCA＋CAB 之和为一个四位数,且每位数字各不相同。请问这个四位数是多少？

▶答案:164 页

第69题　循环换位(2)

　　将第一个乘式中的各个数字按顺时针方向旋转,即可得到另一个乘式,如图所示。请问这两个乘式分别是什么?

　　任何一个数首位数不为0且六个数字可有重复。本题只有一解。

▶答案:165 页

第70题　对称的等式

　　A、B、C、D、E 五个数字各不相同且值均不为0,现将 A、B、C、D、E 组成的五位数乘以 4,乘积恰好与这个五位数字对称,呈相反顺序。请问这五个数字分别是多少?

▶答案:165 页

第七章
谜式与定数

与字母等式类似,破解谜式与定数是前者在逻辑推理上的一种延续。两者的解题思路与推理方法相同:目的都是将一个转换成代码或特殊符号的等式破解出来,解答此类题目,需要用到的知识一些计算的基本概念:加、减、乘。

解答本章中的习题,并不需要您是一位数学竞赛冠军,当然如果您是,那就如虎添翼了。

第71题 拼组乘式

一开始,让我们来个简单点的题目吧。

将下面五张纸条放入下方格中,请问如何摆放才能使得等式成立?

注意! 如若需要,可将一张或多张纸条颠倒过来。

| 4 | 1 | | 5 | 6 | | 9 | = | 9 | | 8 | × | 9 | | 7 | 4 |

| | | | | | | | | | | | | | | |

▶答案:166 页

第72题 家住何省

乘数、被乘数和乘积三项中,我将其中一项加上我所居住省份的代号;将另一项减去该省的代号。

至于第三项,我则将其各位数的顺序反转,得出如下等式:

$$
\begin{array}{r}
5 \quad 0 \quad 4 \\
\times \quad 7 \quad 3 \\
\hline
= \ 1 \ 5 \ 6 \ 8 \ 4
\end{array}
$$

请推算一下我住在哪个省份。

▶答案:166 页

第73题　错误的等式

在一个乘法等式中,将被乘数加上一个两位数 A,乘数加上一个两位数 B,乘积加上 A、B 两数之和后,得出以下乘式(如图所示),但显而易见,该式不成立:

$$
\begin{array}{r}
4\ 4\ 2 \\
\times\ 2\ 8\ 9 \\
\hline
=\ 1\ 0\ 1\ 6\ 7\ 0
\end{array}
$$

您能推算出原先的等式是怎么样的吗?

▶答案:167 页

第74题　补全等式

下图等式中,除六个数字之外,其余的数字都被星号替代了。您能推算出每个星号相应的数字是哪一个吗?

$$
\begin{array}{r}
*\ *\ 1 \\
\times\ *\ 2\ * \\
\hline
*\ 3\ *\ * \\
*\ 4\ *\ * \\
*\ 5\ *\ * \\
\hline
6\ *\ *\ *\ *\ *
\end{array}
$$

▶答案:167 页

第75题 多米诺①拼图

将10张多米诺骨牌放入下面等式之中,请问如何摆放才能使得等式成立?

注意! 有几张骨牌可颠倒放置,如6-8、9-6。

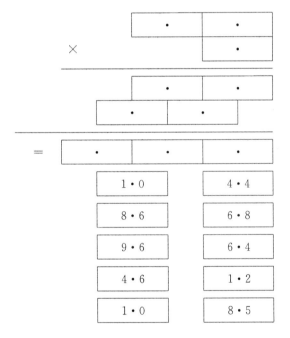

1・0	4・4
8・6	6・8
9・6	6・4
4・6	1・2
1・0	8・5

▶答案:168 页

---

① 译者注:多米诺骨牌为一种游戏用具。一副牌共28 张,每张的正面有一直线或凸纹,将骨牌分成两个方区,每一方区用点数标出号码:6-6, 6-5, 6-4, 6-3, 6-2, 6-1, 6-0, 5-5, 5-4, 5-3, 5-2, 5-1, 5-0, 4-4, 4-3, 4-2, 4-1, 4-0, 3-3, 3-2, 3-1, 3-0, 2-2, 2-1, 2-0, 1-1, 1-0, 0-0。

第 76 题 趣味游戏

数字 1～10 依次列于等号左侧,现在您手中有 7 个加号。

请问将这 7 个加号放在哪里才能使得等式成立?

$$1 \quad 2 \quad 3 \quad 4 \quad 5 \quad 6 \quad 7 \quad 8 \quad 9 \quad 10 = 100$$

▶答案:168 页

第 77 题 神秘的等式

下列两个等式中,每个符号对应一个数字且每个数字各不相同。两式中,黑色圆饼和空白方块对调了位置,其他符号保持原位不变。

两个等式都是成立的。请说出每个符号所对应的数字。

此题有三解。请您至少找出一解。

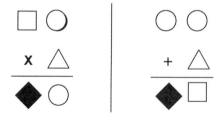

▶答案:168 页

第78题　9点谜题

下面的加法等式中含有数字1~9,每个数字只能使用一次。

已知加数是被加数的两倍且该等式成立,请写出这个等式的各值。

此题有四解。

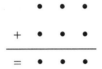

▶答案:169 页

第79题　7的倍数

在这个五位数中,每位数字各不相同且值不为 0,后三位数字组成的数是前三位数字组成的数的 7 倍。请问这个五位数是多少?

▶答案:169 页

第80题 19的倍数

求一个五位数中,每位数字各不相同且都不为零,ABC、BCD 和 CDE 三个数都是 19 的倍数。

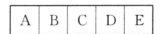

▶答案:170 页

第81题 五位数

在这个五位数中,每位数字各不相同且都不为 0,可进行验证:

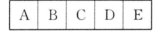

后三位数 CDE 是前三位数 ABC 的三倍。

后两位数 DE 是前三位数 ABC 各位数字之和的两倍。

请问这个五位数是多少?

▶答案:171 页

第 82 题　正确的开端

A 和 B 均为两位数,且 A 小于 B。可按以下规则写出其后各数:各数等于数列中前两个数目之和。

比如:16、31、47、78、125、203,…

假如数列中第 10 个数字为 2006,那么最开始的两个数分别为多少?

▶答案:171 页

第八章
谜题集锦

本章给出了一些形形色色的习题，这些习题无法归类，看似谜语，却又颇有玄机。

第83题　逻辑电路

7个开关控制7盏灯。按下开关,相应的灯就会按事先设定的方式明灭(假若原来是亮的,这时就熄灭了;假若原本是熄灭的,这时就亮了)。如下:

开关A控制灯1、3、5。

开关B控制灯2、7。

开关C控制灯3、4、6、7。

开关D控制灯1、4、5、7。

开关E控制灯1、6。

开关F控制灯2、3。

开关G控制灯2、4、6。

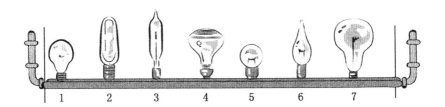

现在这7盏灯都是熄灭的。请问按哪几个开关可让7盏灯同时亮起来?

▶答案:172页

第84题 赢的策略

两人打牌。每人分别拿到7张牌,同一花色且牌值从As(译者注:1)到Sept(译者注:7)。每张牌的分值如下:As=1、Deux=2、Trois=3,以此类推,Sept=7。

每一轮,双方各出一张牌并报出所有已亮牌面的总分。先到达或超过50分者为负。照此规则,假若您是下家,那您将采取何种策略使得不管上家出什么牌,您都能赢?

▶答案:**172** 页

第85题 玩具铅兵

昨晚,我把8个玩具铅兵放在棋盘上,正好每行每列都只有一个士兵,并且每个士兵都不在与对角线平行的格中。

晚上睡觉时,我梦见这些士兵复活了,他们在棋盘上翩翩起舞……

一觉醒来,赫然发现有两个士兵不在原来的位置上,跑到了另外两个格中,但是我一点也不觉得奇怪。我想按照昨晚临睡前的布局将其归位,却发现自己记不太清了。

图中所示是梦醒之后玩具兵的位置。

请问是哪两个玩具兵移动了位置,并且原来它们应该在哪呢?

▶答案:172 页

第86题 四个人的猜数游戏

四位朋友一起玩罗多游戏猜数。他们一起选定了六个数,每个人都说了各自的条件:

● 阿兰要求这6个数全不为质数。

● 贝纳尔要求这6个数在格中位置均不相邻。比如选定的数字为12,那么1、2、3、11、13、21、22、23这几个数都将被排除。

● 克劳迪娅要求0~9这十个数字通通出现在所选的6个数中,且每个数字只能用一次。

● 1949年出生的丹尼斯则要求这6个数中必须有49。

请问四位朋友的要求能够同时实现吗?假如可以,这6个数分别是多少?

(译者注:罗多猜数表格如下图所示,将数1~49从上至下、从左至右升序排列,游戏玩法是按照题目所提示的条件找出目标数字)

	10	20	30	40
1	11	21	31	41
2	12	22	32	42
3	13	23	33	43
4	14	24	34	44
5	15	25	35	45
6	16	26	36	46
7	17	27	37	47
8	18	28	38	48
9	19	29	39	49

▶ 答案:173页

第87题 巧分棋盘

这是一道简单的题目。您可以做一个拼图,将拼图中的每个小片拼合起来,正好组成一个棋盘。

组拼时,您必须遵守以下规则:

● 每一片的格数为整数

● 每一片的格数最少为2格,最多为5格

● 每一片的形状都是不同的

注意:你不必考虑格子的颜色和每一片的朝向,比如:右图所示的两小片可被认为是完全相同。

如果您希望您做的拼图所含的片数最多,请问需要多少片才能组成一个完整的棋盘?

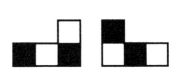

▶答案:174 页

第88题　巧涂方格

下图是一个 10×10 的空白表格。请问将哪些格子涂黑之后可得到一个填字拼图,该拼图含有:

4 个 9 字母单词;

4 个 8 字母单词;

4 个 7 字母单词;

4 个 6 字母单词;

4 个 5 字母单词;

4 个 4 字母单词;

但是不包含 2 字母或 3 字母单词,也不包含孤立的字母。

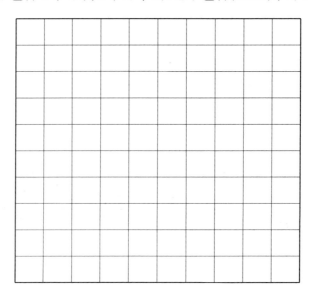

▶答案:174 页

第89题 巧分卡片(1)

政客们相信将算式卡片切割之后能改变其结果。右图所示的卡片却是一个例外。

图中所示的算式成立。现在将它切分成三小块，并且只用其中的两小块就可以重新组成一个三行的算式，且该式成立。请问该如何切分？

$$\begin{array}{r} 289 \\ 118 \\ \underline{508} \\ 915 \end{array}$$

▶答案：175 页

第90题 巧分卡片(2)

与上题规则相同，但难度更大些！

要求将右侧的卡边切分成三小份（要求从同一方向切分），并且用其中的两小份即可重新组成一个三行的算式，且算式成立。

$$\begin{array}{r} 386 \\ +214 \\ +105 \\ +128 \\ =833 \end{array}$$

▶答案：175 页

第91题 自指句

Cette phrase comporte un seul mot de trois lettres.

（中文意思：该句只含有一个三字母组成的单词。）

上面这个句子被称为自指句，即句子所表达的意思只适用于该句本身。您可以验证：在该句中的确只有"mot"这一个单词是三字母的。

那么在下面这个句子的空白处填入哪些数字也可使得该句成为一个自指句，当然，这些数字需用字母拼写①?

Cette pharse comporte　　　　consonnes pour　　　　voyelles.

（中文意思：该句含有_____个辅音字母②和_____个元音字母）。

▶答案：176 页

第 92 题　任性的计算器

我的计算器变化无常。每次我进行加法运算，在按下"＝"键以后，显示灯就会连续闪烁 20 秒，然后给出一个错误的答案。

仔细研究运算结果后，我终于明白了计算器小姐的计算逻辑。

下面是按照她的计算逻辑得出的加法结果：

563829＋112432＋391064＋238290 得到 825615

```
  563829
 +112432        +405728
 +391064        +619036
 +238290        +570159
 ────────       ────────
 =825615        =??????
```

① 译者注：法语数字的拼写形式请参看附录 1。

② 译者注：和英语字母相同，法语字母也为 26 个。其中 a、e、I、o、u、y 为元音字母，其余的为辅音字母。

请问:按照同一逻辑,我在计算器上进行下面的加法运算时,她又会得出怎样的结果呢?

▶答案:176 页

第 93 题　行走路线

从一个省出发至另一省,在省份间行走时需遵循以下规则。

1. 从一省到另一省,这两省间必须有共同的省界线;

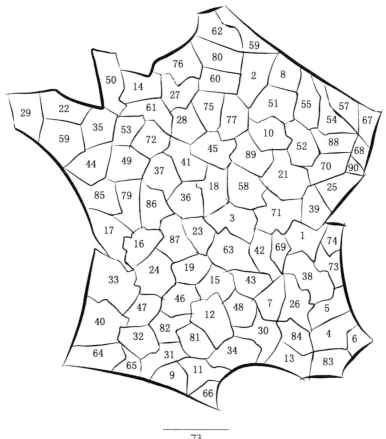

2. 从一省到另一省,则后面一个省份的代号必须大于前面那个省。

那么,如果您从 22 号省出发按以下路线行走:22、35、44、49、53、61、72。到了 72 号省,您不得不终止您的旅程了:因为跟它邻界的省份中,没有任何一省的代号大于 72。

按照上述规则,请问最长的路线该怎么走?

提示:该线路跨越 11 个省份。

▶答案:176 页

第九章
逻辑推理

解答本章习题无需专门的数学知识，也不需要进行太多计算。

常识、简单的推理再加上一丁点儿推算，就是您寻找谜底的最佳武器。

第94题　国王大道

从 52 张扑克牌中抽出 49 张，摆放如图。

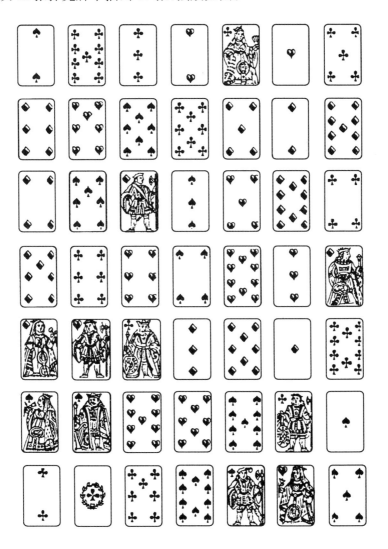

有趣的数学

将象棋中的棋子国王放在最下方那行的某张牌上。请将国王移至最上方那行,每次只能前进一张牌。和下国际象棋的规则一样,国王每次只能平移或按对角线移动一步,而且所移动的两张牌必须数字相等或花色相等(黑桃、方片、红心、梅花)。

请问从哪张牌出发,国王才能行至最上行?

▶答案:177 页

第 95 题　驰骋沙场

这次换成棋子马在这 49 张牌上征战了。马的移动规则与国际象棋下法相同①。马每跳一步,上张牌与下张牌必须数值相等或花色相同(黑桃、方片、红心、梅花)。一旦马跳离某张牌,该牌就被没收。

一开始,将马落于方片 7 上。请问怎么行走才能使得被收起的扑克牌张数最多?

提示一下,最多能收起 17 张。

▶答案:177 页

第 96 题　全家福

在杜朗夫妇的全家福照片上,第一排有这些人:

---

① 译者注:国际象棋中,马的走法由两个不同步骤组成,先沿横线或直线走一格,然后沿斜线离原格方向走一格,在走第一格时即使该格已有棋子占据也仍可行走。

● 杜朗夫妇,他们中间隔着一个男人

● 他们的女儿雅克琳娜和她的丈夫杜邦先生,他们中间隔着两个人

● 他们的大孙女儿伊莎贝拉和她的丈夫杜浦依先生,他们中间隔着三个人

● 他们的小孙女儿露塞特和她的丈夫杜甫雷先生,他们中间隔着四个人

每位妻子都站在丈夫的右边。

请问这八个人是怎么站的?

▶答案:177 页

第 97 题 开饭喽

杜浦依、杜拉克、杜邦、杜朗和杜布瓦五对夫妇到饭店聚餐。

饭店老板为他们安排了一张圆桌。

就座后,发现每个人都不和其配偶邻座或对座,而且每两位男士中间坐有一位女士。坐在杜布瓦夫人对面那位先生的妻子坐在杜浦依先生的左手边,杜朗先生坐在杜邦夫人的右手边。

请问,坐在杜拉克夫人对面的那位先生是谁?

▶答案：177 页

第 98 题　缺席的国旗

　　下图所示为五个国家的国旗，国旗上的每种颜色都被一个数字所代替了,且每个数字始终对应一种颜色,反之,每一种颜色也始终用同一个数字代替。此次共有六个国家受邀,这六个国家分别是:比利时、科特迪瓦、圭亚那、爱尔兰、意大利和马里。但到场的国旗却只有五面。

请问哪个国家的国旗没有出场?

以下是上述各国国旗的颜色,以供参考:

比利时:黑、黄、红

科特迪瓦:橙、白、绿

圭亚那:红、黄、绿

爱尔兰:绿、白、橙

意大利:绿、白、红

马里:绿、黄、红

▶答案:179 页

第99题　彩色运动衫

自行车比赛中,世界冠军获得者能够得到一件彩色运动衫,运动衫上有五种不同的颜色。

菲利浦是一个自行车运动的发烧友。我向他请教这五种颜色分别是哪些。

原以为他对此应该烂熟于胸。但回答时,他却迟疑再三,给了我以下四种可能:

1. 绿、红、黑、蓝、黄

2. 蓝、黑、绿、黄、红

3. 黄、蓝、黑、红、绿

4. 红、蓝、绿、黄、黑

假如这五种颜色没有弄错,那么前三种组合中各有两种颜色位置正确,最后一种组合只有一种颜色位置正确。

请问这件彩色运动衫的五种颜色依次是哪些?

▶答案:179 页

第100题　盒子游戏

红、黄、蓝三个盒子内各有一张纸条,三张纸条中,一张为蓝色、一张为红色、最后一张为黄色。

只有一张纸条与所在盒子同色。

打开某一个盒子,在看到盒中纸条颜色的瞬间,您能否立刻说出其余两个盒子中各是什么颜色的纸条?

▶答案:180 页

第 101 题　谁和谁结婚了

安德烈(André)、雅克(Jacques)、让(Jean)和皮埃尔(Pierre)都已经结婚,他们的妻子是爱莉丝(Alice)、阿里娅娜(Ariane)、嘉丝敏(Jasmine)和朱莉叶(Juliette),但并不一定照此顺序配对。

他们当中,有且只有一对夫妇,名字的首字母相同;

有且只有一对夫妇,名字的字母个数相等;

Alice 和 Jacques 是兄妹;

请问他们分别是和谁结的婚?

▶答案:181 页

第 102 题　名人丈夫

下页表中列出的这几位女士也许您并不熟悉。但她们的丈夫或生活伴侣却无一不是声名显赫的人物。

在一次竞赛中,要求答题者从下面这张名单的 A～G 中找出她们各自伴侣的姓名。

A：Geroges Bizet①

B：Albert Einstein②

C：Pierre Corneille③

D：Georges Méliès④

E：François-Joseph Lefebvre⑤

F：René Magritte⑥

G：Robert Surcouf⑦

下面是五位参赛选手依次给出的答案，五位选手分别为1～5号。

名人妻子 \ 答题人	1	2	3	4	5
Jehanne d'Alcy	F	F	D	D	F
Catherine Hubscher	E	A	C	E	D
Miléva Maric	B	G	E	B	C
Geneviève Halevy	A	B	A	F	E
Marie Lamprière	G	C	B	C	A

四个选手中，一人答对了四个，一人答对了三个，一人答对了两个，第四位选手只答对了一个，最后一个则全部答错。

根据以上这些提示，您知道这些女士的生活伴侣分别是哪位名人吗？当然，如果您已经知道答案，这道题那就没有意义了。

▶ **答案：181 页**

---

① 译者注：乔治·比才，法国作曲家，代表作有《卡门》。

② 译者注：阿尔伯特·爱因斯坦，德裔美国物理学家。

③ 译者注：皮埃尔·高乃依，法国古典主义悲剧的代表作家。

④ 译者注：乔治·梅里爱，世界电影导演第一人。

⑤ 译者注：弗朗索瓦-约瑟夫·勒菲伯尔，法国历史学家。

⑥ 译者注：雷尼·玛格里特，比利时画家。

⑦ 译者注：罗伯特·瑟果夫，法国水手。

第103题　大小不一的香槟酒瓶

人人都知道一个大香槟酒瓶的容量通常等于两个75毫升的瓶子,但假若这是一瓶Réhoboam①(雷欧博姆)或Salmanazar(萨拉玛娜扎)时,情况就会变得不一样了。

如图所示,隔板上放着下面这些酒:Balthazar(巴尔塔扎)、Jéroboam(杰罗勃姆)、Mathusalem(马丢萨姆)、Nabuchodonosor(纳比休多诺扎)、Réhoboam(雷欧博姆)和Salmanazar(萨拉玛娜扎)。

已知:

● Salmanazar 不是最大的瓶子

● Réhoboam 放在 Mathusalem 和 Jéroboam 中间

● Balthazar 的容量是 Mathusalem 的两倍

请问每个瓶子的容量各是多少?

▶答案:181 页

① 译者注:此题中出现的专有名词均为各种容量的香槟酒瓶。

第 104 题　出生日期

安德烈、贝诺瓦、克劳德、迪蒂耶都出生于同一年的某个星期三,安德烈生于某月 2 日,贝诺瓦出生于某月 11 日,克劳德出生于某月 17 日,迪蒂耶出生于某月 22 日,且四人的出生月份各不相同。

请问四人中,谁出生于 6 月? 谁出生于 8 月? 谁出生于 9 月? 谁又出生于 11 月?

▶答案:182 页

第 105 题　符号与工程师

J'ai mis _____ vrais signes savants derrière cinquante ingénieurs inefficaces.

请在第一时间内找出这句没说完整的话是按照什么逻辑组织而成的。

如果找对了,您就能说出下面四个单词中哪一个可以填入上句的空格处。

trois, quatre, cinq, six

▶答案:183 页

第106题　杜贝摩尔一家

杜贝摩尔夫妇有六个孩子,从大到小依次取名:

Dominique、Régie、Michelle、Fabien、Solange、Laurent。

这些名字并非信手拈来,而是按照杜贝摩尔夫妇事先约定的一种逻辑关系命名的。

今年年底,杜贝摩尔家即将迎来第七个孩子。请问按照此种逻辑关系,下面四个当中,哪一个将会是新生儿的名字呢?

Simone、Roxane、Monique、Claire

▶答案:183 页

第十章
寻找消失的文字

这是一类数学趣味题中的语文趣味题！

看上去很奇怪吧？这两种类型的趣味题，本身就没有严格的界限，尤其当我们抛开词义，只关注于构筑单词的"字母"本身时，它就和构筑数目的"数字"更无二致了。

从这点上来看，单词也可被视作一种数学存在……能说明这一点的最佳例子便是：单词可以按字母先后顺序排序，就如同我们可以将一个有限集合中的数从大到小进行排列一样。

虽说并非完全摒弃文字的语文含义，但本章中大部分题目的解题思路更加接近于一种数学逻辑分析，它以找寻单词字母间的关系为出发点，如字母是否相邻或按照先后顺序排列？是否同时隶属于多个单词？它的属性是什么（元音还是辅音）？字母在书写上是否呈现出对称性（如 b、p 和 d，还有 n 和 u）等。好了，下面就让我们直奔主题吧。

第 107 题　数字与花(1)

所求数目前两位数字组成的数为后两位数字组成数的三倍。

将所求数目显示在计算器上,然后将计算器颠倒之后可得到一种花名。

同时,花名的前两个字母为一个罗马数目,正好是所求数目的前两位数。

请问这个数是多少? 这朵是什么花?

▶答案:183 页

第 108 题　数字与花(2)

猜一个六位数,将该数后三位数字组成的数加上 8,得到的和与该数前三位数字组成的数目相等。将这个数字显示在计算器上,再将计算器倒转之后可得到一种花名。

请问这个数字是多少? 这种花是什么花?

▶答案:184 页

第 109 题　数字与坚果

在下图左边两格中填入一个两位数的罗马数,在右边两格中填入该

有趣的数学

数以字母形式拼写的前两个字母。

假如找对了这个数,那么将书本颠倒之后,您就可以看到一种坚果的名称。

请问该数为多少? 是哪一种坚果?

▶答案:184 页

第 110 题　躲藏起来的动物(1)

这种动物的名称由八个各不相同的字母组成:

● 第一、第四和第七个字母是元音字母①,其余的都是辅音字母
● 第五、第二和第八个字母在字母表中相连
● 第一和第三个字母在字母表间隔一个字母
● 第三和第四个字母在字母表间隔一个字母
● 第一和第六个字母在字母表间隔一个字母

▶答案:184 页

第 111 题　躲藏起来的动物(2)

下面四幅图展示的是同一个四联体骰子。但每一次摆放的位置不

---

① 译者注:和英语字母相同,法语字母也为 26 个。其中 a、e、I、o、u、y 为元音字母,其余的为辅音字母。

同,而且也并非始终同一朝向。

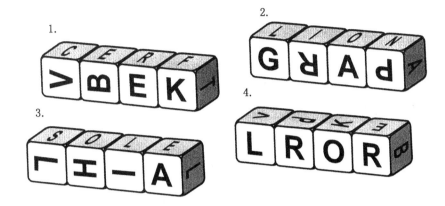

前三幅图中,四联体骰子摆放的位置使得我们可以在向上的那一面看到一种动物的名称,分别是鹿(CERF)、狮(LION)和鳎(SOLE)。

图4也隐含了一种动物,只不过这一次,它的名称被藏到了与桌面接触的那一面。

只需将这个四联体骰子转动90度,就可以将躲藏起来的动物找出来。

▶答案:185页

第112题　德奥菲尔的单词

德奥菲尔偷偷地在纸上写了一个单词,他请朋友们来猜这个单词是什么并给出以下提示:

● 组成单词的七个字母各不相同

● 第四个和第五个字母在字母表中间隔两个字母

● 第二和第四、第二和第七、第三和第七个字母之间亦如此

● 单词两端的字母在字母表中是相连的

有趣的数学

葛坚花了不到五分钟就解决了这个问题,您能答得比他快吗?

▶答案:186 页

第 113 题　顺序单词

顺序单词是指组成这个单词的各个字母从左到右是按字母先后顺序排列的。

比如:ABCES(脓肿),BIJOU(珠宝),FILOU(骗子),……

请从下面五个单词中找出另一个按字母顺序组成的单词,已知条件如下:

- 该单词的第一个字母包含于右边的单词中　　　**FLANC**
- 该单词的第二个字母包含于右边的单词中　　　**PHARE**
- 该单词的第三个字母包含于右边的单词中　　　**GRAIN**
- 该单词的第四个字母包含于右边的单词中　　　**BLOND**
- 该单词的第五个字母包含于右边的单词中　　　**AUTEL**

此外,所找单词与上面每个单词只有一个共同字母且组成单词的五个字母各不相同。

▶答案:187 页

第 114 题　反序单词

反序单词是指组成这个单词的各个字母从左到右是按与字母先后顺

序相反的顺序排列的。

比如:SOIF(渴的),TOMBA(跌落),……

请从下面五个单词中找出另一个按字母相反顺序组成的单词,已知条件如下:

- 该单词的第一个字母包含于右边的单词中　　**FLANC**
- 该单词的第二个字母包含于右边的单词中　　**PHARE**
- 该单词的第三个字母包含于右边的单词中　　**GRAIN**
- 该单词的第四个字母包含于右边的单词中　　**BLOND**
- 该单词的第五个字母包含于右边的单词中　　**AUTEL**

此外,所找单词与上面每个单词只有一个共同字母且组成单词的五个字母各不相同。

▶答案:187 页

第 115 题　神奇的密码机

A B C D E F G H I J K L M N O P Q R
S T U V W X Y Z J S B G T O C X P Q
R I F D A U Y N V H L K W Z M E

上面是字母与其代码的对照表,这种传统的密码语言通常事先输入机器当中。当输入单词 ECHIQUIER 时,机器会自动译成 TBXPYLPTN。

这台机子还装备了一套数字系统。假如输入 ECHIQUIER-1,机子将其翻译成 TBXPYLPTN;但当输入 ECHIQUIER-2 时,却得到 ECHIQUI-ER-1,即 TBXPYLPTN 的译码,为 HSWUMIUHD。

输入 ECHIQUIER-3 时,即得到 HSZUMIUHD 的译码,以此类推。

皮埃尔在机子上输入 ECHIQUIER 和一个小于 2000 的数字,几秒钟后,机器人显示出单词 ECHIQUIER,简直太神奇了!

请问皮埃尔输到机子里的数字是多少?

▶答案:188 页

第 116 题　相似的名字

有些名字看上去非常相似,它们由同样的字母组成,但顺序不同。

例如:Ronald 和 Arnold、Blaise 和 Basile。有时,这些名字还有阴阳性之分①,比如 Simone 和 Siméon。

下表即由这样的五对名字组成。

每个名字都被译成了密码。原则上,同一个字母始终被替换成同一个数字。反之,同一个数字始终代替同一个字母,此规则适用于全部 10 个名字。

```
        1   2   3   4   5   6   7  │  3   7   2   5   4   1   6
    6   2   1   2   8   9   7   7  │  8   9   7   2   6   2   1   7
           10   4   1  11   2   5  │  1   2  10   4  11   5
       10   7   3   4   5  11   7  │ 10   7   3   4  11   5   7
       12  11   6   2   5  11   7  │ 12  11   6   2  11   5   7
```

表中左列为阴性名字,右列为阳性名字。您能找出这分别是哪 10 个名字吗?

▶答案:**188** 页

第 117 题　躲藏起来的单词(1)

下表中,每个单词后面都标有一个数字,该数字表示该单词与我们所寻找的目标单词所拥有的字母个数相同,且要求位置相同。那些同属于两个单词但不在同一位置的字母不计在内。比如,目标单词为 LAPIN(兔子),那么谜面单词 FUSIL 后面标注的数字应该为 1(因为只有字母 I 符合要求;字母 L 虽然同属两个单词,但不在同一位置)。

---

①　译者注:法语的名字有阴阳性之分。

```
G   L   A   N   D           0
C   L   O   W   N           2
S   I   L   E   X           1
C   R   A   I   E           3
M   U   L   E   T           0
```

▶答案:189 页

第 118 题　躲藏起来的单词(2)

题型与上题相同,但难度更高一些。这一次,每个单词后面标注的数字表示目标单词与谜面单词所拥有的字母个数相同,且位置不同。

```
B   A   R   O   N           2
C   H   A   M   P           2
I   M   A   G   E           2
L   O   U   I   S           2
M   U   L   E   T           3
R   O   M   A   N           2
```

▶答案:189 页

第 119 题　鸟名

如图所示,摆在桌上的 12 颗骰子完全相同。

请问当观察者站在桌后时,下方 6 颗骰子后面那行字母显示的是哪个鸟名?

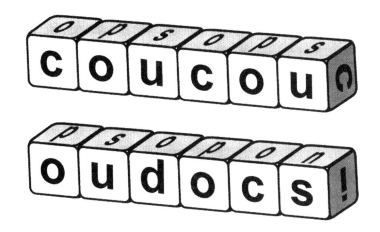

▶答案:190 页

第 120 题　纸牌与数字

在图中的每个格中填入一个字母使得每一行都是一个字母表示的数字,但这些数字并不是任意填写的。

要求箭头标示的第四列为一种纸牌游戏的名称。

这 6 个四字母组成的数字各不相等。

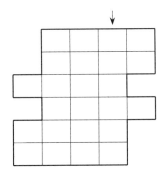

现将所有四字母组成的数字罗列如下,以助您一臂之力:

ZERO、DEUX、CINQ、SEPT、HUIT、NEUF、ONZE、CENT

▶答案:190 页

第 121 题　数字与城市

这是一个五位数。

假如用它的反序数＊减去该数,可得到一个完全立方数。

假如将该数显示在计算器上,然后将计算器颠倒,则可看到一个法国城市的名称。

请问该数为多少? 这个城市又是哪一个?

＊反序数是指与原数顺序相反的那个数,如 123 的反序数为 321。

▶答案:191 页

第十一章
填字游戏

单词有着丰富的词形组合,不管是否需要考虑单词本身的文字含义,它都是各类填格游戏的绝佳选择。

此类游戏中,最为人所熟悉的莫过于填字游戏。本章所列的习题就需要您或按照所列单词表或按照题意将单词重新填回表格之中。

第 122 题　各就各位

将左边列表中出现的单词填入下方表格中,使得每一行只出现一个单词,而且同一个字母在同一列中不得重复出现。

通常,单词的第一个字母不填入每行的第一格中。

同一单词的六个字母必须填在连续的六个格中。

根据要求将尽可能多的单词填入格中,注意:可填完所有单词。

B U V A R D
C A N A R D
C H E V A L
E S P I O N
E S Q U I F
F L A C O N
L U D I O N
N I C K E L
O I G N O N
T R O M P E
T U L I P E
V E R G E R

▶答案:191 页

第123题 化学元素周期表

化学家门捷列夫(Mendeleïve)发明的化学元素周期表,您应该还记得吗?

我们不会要求您背诵周期表。现在只是请您将左边列表中的九种化学元素按前一题的要求填入9×9格的表中:

ARGENT   银

BARYUM   钡

CESIUM   铯

CHLORE   氯

COBALT   钴

CUIVRE   铜

HELIUM   氦

NICKEL   镍

OSMIUM   锇

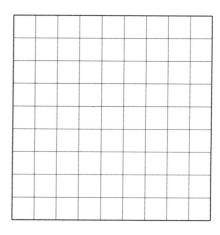

A R G E N T
B A R Y U M
C E S I U M
C H L O R E
C O B A L T
C U I V R E
H E L I U M
N I C K E L
O S M I U M

▶答案:192 页

第 124 题 两个字母 O

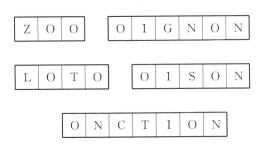

下表每格中只能填入一个字母。照此规则,将上面五个单词填入下方10×3格的表中,使得每一列都含有字母 O。

同一个单词不能拆分,两个不同的单词在同一行中不一定需要用空格间隔。因此,像 OISONZOO 这样的排列是允许的。

此题有两解:

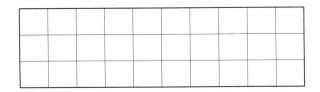

▶答案:193 页

第 125 题 鸟名大填空

根据遗传学观点,要将下列清单中的鸟儿进行杂交配种将是非常困难的,但是将这些鸟名设计成一个填字游戏,那一切就皆有可能了。

请将尽可能多的鸟名填入下页的表格当中,全部单词都能填完。当然,每个单词只能使用一次。

AUTOUR	苍鹰
BUSARD	鹞
CAILLE	鹌鹑
CANARI	金丝雀
CASOAR	鹤鸵
CONDOR	大秃鹫
COUCOU	杜鹃
FAISAN	雌雉
FAUCON	隼
LORIOT	黄鹂

MENURE	琴鸟
NANDOU	美洲鸵
PETREL	海燕
PIVERT	绿啄木鸟
PUFFIN	剪水鹱
STERNE	燕鸥
TETRAS	松鸡
TORCOL	地啄木
TOUCAN	巨嘴鸟

▶答案:194 页

第 126 题　21 个单词的拼图

AZALEE	杜鹃	SIPHON	虹吸管
AZIMUT	方位角	STYLET	探针
ETOILE	星星	SYRPHE	食蚜蝇
MOUTON	羊肉	THEIER	茶树
ORIGAN	牛至	THYMUS	胸腺
PAPAYE	番木瓜	TOPAZE	黄玉
PHENOL	石炭酸	YAOURT	酸奶
POUMON	肺	ZENITH	顶峰
PUZZLE	拼图游戏	ZEPHYR	和风
RYTHME	节奏	ZIGZAG	弯弯曲曲
SIGNET	书签带		

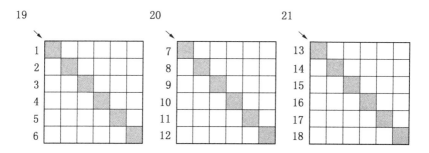

将上面 21 个单词中的 18 个横向填入下面的三个表中,每个格子填一个字母,使得剩下的三个单词分别显示在标号为 19、20 和 21 的三条对角线上。按阅读习惯,单词从左至右拼写。

▶答案:195 页

第 127 题 对角线

在 Scrabble① 拼字游戏中,字牌 A、E、P、R、S 可以组成单词 APRES、ARPES、ASPRE、EPARS、PARES、RAPES、REPAS 等单词。

将上列单词中的五个填入下面 5×5 格的表中,请问如何填才能使得两条对角线上出现这五个字母?

五个单词必须横向填写(每格只能填一个字母),不要求对角线上的

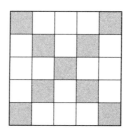

_____

① 译者注:Scrabble 是一种西方流行的西语文字拼字游戏。

单词有意义。

▶答案:195 页

第 128 题 填字游戏(1)

将 6×6 格的填字游戏切分成如下方左图所示的 9 块,每块 2×2 小格。

您知道原先的表格是怎么样的吗? 注意:原先的表格中只含有一个专有名词。

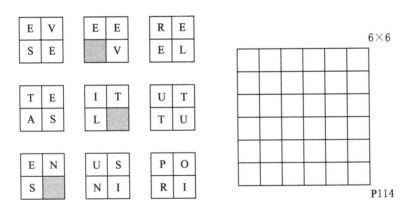

6×6

P114

▶答案:196 页

第 129 题 填字游戏(2)

将 8×8 格的填字游戏切分成如下方图所示的 16 块,每块 2×2 小格。

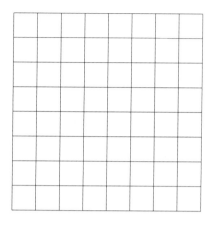

您知道原先的表格是怎么样的吗？注意:原先的表格中只含有一个专有名词。

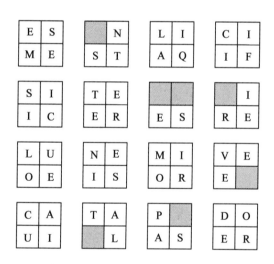

▶ **答案:196 页**

其实,您也可以模仿上面的例题自己动手来设计填字游戏。请您的朋友将报纸上的填字游戏(以 10×10 格大小最为理想)切分成 25 块,每块 2×2 格。接下来,就需要您来将这些小碎片重新归位了。这些填字游戏肯定能让您想破脑袋。

当然,切分成几块及切分成什么形状也可视个人喜好调整。

第 130 题 位置大挪移

	A	B	C	D	E	F	G	H	I	J
1	O	E	R	E	P	A	D	I		M
2	E	E	U		U	S	N	M	L	E
3	A			N	C	M	T	A	I	R
4	E			A	E	N		E	L	G
5	R	L	I	N	E	H	E	L	D	O
6	U	C	M	A	T	A	E		I	S
7	M	A	E	O	I	R	I	N	B	B
8	N	E	R		I	O	S	C	L	A
9	S	N	N	R	R	I	T	E	E	E
10	Q	O		I		C	I	S		U

有一个 10×10 格大小的填字游戏,在保持各列字母顺序不变的前提下,将表格中的各列对调位置,得到一张新的填字表格。

然后在保持各行字母顺序不变的前提下,将新表格中的各行对调位置,此时表格如前图所示。

您知道表格原先是怎么排列的?

注意:原先表格只含有一个专有名词(一个女名)。

▶答案:197 页

第 131 题 填字与填数游戏

液晶数字有一个特点:除了数字 2 之外,其余任何一个数字在颠倒之后都可显示成一个字母。

比如,最不起眼的数字1073在颠倒之后却能显示出一位大名鼎鼎的神父的姓名:ELOI①。

由此想到,一张填字游戏表在颠倒之后能否变成一张填数游戏表呢?且这两张表可根据所给出的提示互为验证。

比如,组成下方左表的12个单词分别符合以下这些提示(顺序不一致):

1. 一种花的名称

2. 一种调味品的名称

3. 某一连词

4. 某一介词

5. 某一人称代词

6. 某一冠词

7. 某个法国城市的名称

8. 人体某个部位的名称

9. 某一女神的姓名

10. 一个罗马数

11. 一种鸟的名称

12. 描述一个长有树木地方的形容词

将下页的左表颠倒之后,可得到一张填数游戏表格(如下页右图所示),提示(横向填写)如下:

横一左:等于组成横一右的两个数字之积;

横一右:将其两个数字对调位置后即为纵1下显示的数目,此外,这两个数还是法国两个邻省的代号;

———————

① 译者注:埃卢瓦(ELOI,588—660),法国著名的宗教运动家。

横二:等于其首位数的平方与横一左所填数目的乘积;

横三:等于纵四与某一质数之积;

横四:该数前两位数为后两位数的三倍;

横五:该数的反序数*减去该数本身得到的差为五个连续的奇数之积。

请结合上述两种提示,分别填出下方两表。

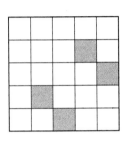 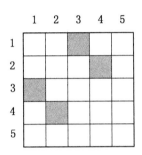

这道题看似复杂,其实并不难解。可从最明确的提示出发,从易到难逐个击破,直至答案浮出水面。

*反序数是指与原数顺序相反的数,如 123 的反序数为 321。

▶答案:197 页

第十二章
巧解画谜

您知道-N---是谁吗？不知道？！难道您已经把Sophocle叔叔①(ON-CLE sauf OCLE)忘了？

此类画谜曾经给我们的太爷爷和爷爷带来了巨大的快乐，但现在几乎销声匿迹了。

在阅览室中，也许我们还能在20世纪初出版的年鉴或杂志中看到此类画谜，或者在那个年代出售的某些牛奶、鸡蛋、烘饼、巧克力或其他食品或保健品的包装上看到它们的踪影……

本章列举了12个难度各异的画谜，解题时或多或少都需要用到一些数学知识。

为了让您尽快找到正确的解题方向，题中给出了相应的提示，每题谜底的字数也已注明。

---

① 译者注：这是一种字谜，在法语中，"叔叔"为单词 ONCLE。那么谜面的-N---即为ONCLE缺少了 OCLE 这几个字母，表示缺少的单词为"sauf"，sauf OCLE 的读音与Sophocle 相同。

第 132 题　猜一女名

谜底由 8 个字母组成。

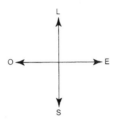

▶答案：198 页

第 133 题　猜一男名(1)

谜底由 6 个字母组成。

$$1\,N/m^2$$

▶答案：198 页

第 134 题　猜一男名(2)

L'∫

▶答案:199 页

第 135 题　猜一国王的名字

40 mètres

40 mètres

▶答案:199 页

第 136 题　猜一鸟名(1)

谜底由 8 个字母组成。

A = 7

▶答案：199 页

第 137 题　猜一鸟名(2)

换一个角度观察这个算术题,你能看到哪一种鸟呢?

▶答案：199 页

第 138 题　猜一法国省份的名称(1)

▶答案：199 页

第 139 题　猜一法国省份的名称(2)

▶答案:200 页

第 140 题　猜一法国数学家

▶答案:200 页

第 141 题　猜一花名

谜底由 9 个字母组成。

P __ E

▶答案:200 页

第 142 题 囚笼中的学生

谜底由 9 个字母组成。

je suis fils unique

▶答案:200 页

第 143 题 谜中谜

• IN • MÉ

有趣的数学

图中的五个黑点各是什么数字,可使其读音与一位历史名人的姓氏相同?

第一个问题并不难回答。下面这个地理画谜难度更大些。将下面各幅地图所代表的地名的读音连接起来恰好为一个算式的拼读,而且该算式的结果是一个五位数。组成这个五位数的五个数字与前面那个问题中所填入的数字相同,但顺序不一致。

▶答案:200 页

第十三章
破译数字拼图

数字拼图在各类益智杂志或互联网上非常流行,出题者乐此不疲,希望给读者带来一些独特新奇的题目。

数字拼图虽算不上什么新发明,但是我们却无法对数独游戏的盛行熟视无睹。数独游戏在全球的成功归功于其简单的解题规则,不涉及任何专业知识,需要的仅仅是逻辑推理能力、观察能力与适当的解题方法。

2004年10月,数独游戏首次刊登在《泰晤士报》上,随即风靡全英。2005年夏天,数独游戏登陆法国,《费加罗报》一气刊登了三款此类游戏。面对数独游戏的巨大市场,2005年7月至9月短短几个月内,十多种数独杂志相继问世,题量近千。2005年第二季度刊登的题量非常惊人,假如每人每天解答4道题,那么仅凭个人之力至少五年才能将题目全部做完,而且还没算上那些商业游戏软件。

不可否认,数独游戏曾为这些报刊带来了巨大的经济效益,但如今这些杂志大部分已经停刊了。

让我们言归正传。本章所列举的习题,看上去也许有些另类,不管怎样,请您来破译一下吧。

第 144 题 罗多填数游戏

像您这样的读者,应该对法式的罗多游戏非常熟悉了。即便不是,也没关系,下面就有两个例子。

本题并不复杂,请您根据题目所给的提示,找出索菲和索兰分别选择了哪六个数。注意:这六个数各不相同且无重复数字。

索菲的表格

索菲所选的六个数中含有 0～9 十个数字,且每个数字只能使用一次。这六个数中:

● 既不包含质数也没有完全平方数

● 其中有两个数是连续的

请问,索菲选择的是哪些数?

▶答案:201 页

索兰的表格

索兰所选的六个数中含有两个数字 1、两个数字 2、两个数字 3、两个数字 4、两个数字 5 和两个数字 6。且这六个数中:

● 既不包含质数也没有完全平方数

● 其中有两个数是连续的

请问,索兰选择的又是哪些数?

	10	20	30	40
1	11	21	31	41
2	12	22	32	42
3	13	23	33	43
4	14	24	34	44
5	15	25	35	45
6	16	26	36	46
7	17	27	37	47
8	18	28	38	48
9	19	29	39	49

	10	20	30	40
1	11	21	31	41
2	12	22	32	42
3	13	23	33	43
4	14	24	34	44
5	15	25	35	45
6	16	26	36	46
7	17	27	37	47
8	18	28	38	48
9	19	29	39	49

▶答案:202 页

第 145 题　足球盛会

在诸如世界杯或欧洲杯之类的大型足球比赛中,参赛队首先要在小组循环赛中相遇,每个小组一般由四支球队组成。这样可确保每个参赛队至少踢三场比赛。

小组循环赛后,根据六场比赛每支球队的得分情况进行排名,排名前两位的球队可晋级下一轮比赛。

有时仅仅凭借排名情况,也能推算出六场比赛的胜负。

我们想请您解决的就是这样一道题。

下表是法国队(France)所在的 A 组六场小组赛结束之后的排名情况。尽管法国队没有输掉任何一场比赛,但它仍排在了其手下败将巴巴里队(Barbarie)之后。这个关系不大,小组第二的身份已经确保法国队顺利晋级。它将在八分之一决赛中遭遇 B 组排名第一的卡扎尔队(Catzacual)。

根据下表的排名情况,您能推算出法国队所在小组每场比赛的比分吗?

A 组	得分	参赛场数	胜	平	负	进球数	失球数
1 法国(France)	6	3	2	0	1	5	3
2 巴巴里(Barbarie)	5	3	1	2	0	4	3
3 巴伦比(Palombie)	4	3	1	1	1	5	3
4 科卡涅(Cocagne)	1	3	0	1	2	0	5

Barbarie	France
Cocagne	Palombie
France	Cocagne
Palombie	Barbarie
Barbarie	Cocagne
France	Palombie

给"非球迷"的一些说明:

在排名表中,第一列是指每队的得分(胜一场得 3 分,平一场得 1 分,负一场得 0 分)。第二列指每支球队的参赛场数,即为三场。第三列为胜利场数,第四列为踢平场数,第五列为负场数。第六列为进球数(各场比赛失球总数),第七列为失球数(各场比赛失球总数)。

▶答案:203 页

第 146 题 自指表格

自指表格,如下图所示,有以下特征:

第一列中:

● 第一个数字指数字 1 在表中出现的次数

● 第二个数字指数字 2 在表中出现的次数

● 第三个数字指数字 3 在表中出现的次数

● 第四个数字指数字 4 在表中出现的次数

● 第五个数字指数字 5 在表中出现的次数

第二列中：

● 第一个数字指数字 6 在表中出现的次数

● 第二个数字指数字 7 在表中出现的次数

● 第三个数字指数字 8 在表中出现的次数

● 第四个数字指数字 9 在表中出现的次数

● 第五个数字指数字 0 在表中出现的次数

3	3	6	1	7
5	5	4	7	7
2	0	9	6	1
2	1	2	0	6
2	2	7	7	4

在前两列为空格的情况下要找出这样一张自指表,并非一件易事。但是本题就是想请您完成这样一项工作。

下面两张表格,每格只能填入一个数字,根据上面介绍的规则,请问两表的前两列各填入哪些数字才能使得表格符合上述条件成为自指表格?

每张表格只有一解。

1

		2	2	2
		2	1	0
		2	2	1
		4	2	5
		6	6	2

2

		6	3	3
		4	6	3
		6	3	6
		6	7	4
		7	3	6

破译此类表格没有简便的方法。需根据表中数字的配置形态使用正确的推理方法逐步推算,一般从出现次数最多的数字着手(如 9 次,8 次),依次推至出现次数较少的(如 0 次,1 次)。

▶答案:204 页

第 147 题　多米诺拼图

作为一种益智游戏,多米诺拼图并非新鲜事物。彩色多米诺骨牌,用特定的颜色代替了传统的点数,样子更加惹人喜欢。但很遗憾,在开发儿童智力及观察力的寓教类游戏中,很少见到它的踪影。

	A	B	C	D	E	F	G	H
1	1	1	0	0	2	3	4	1
2	3	0	1	5	1	5	5	6
3	3	4	2	3	4	6	1	4
4	1	4	2	3	4	6	6	4
5	1	3	6	6	2	5	0	0
6	2	5	4	6	6	5	3	2
7	3	5	5	0	0	2	2	0

游戏规则

传统的多米诺骨牌①由 28 张牌组成,将其摆放成 8×7 格大小的矩

---

① 译者注:多米诺骨牌为一种游戏用具。用木、骨或象牙制成,比麻将牌略长。一副牌共 28 张,每张的正面有一直线或凸纹,将骨牌分成两个方区,每一方区用点数标出号码:6-6, 6-5, 6-4, 6-3, 6-2, 6-1, 6-0, 5-5, 5-4, 5-3, 5-2, 5-1, 5-0, 4-4, 4-3, 4-2, 4-1, 4-0, 3-3, 3-2, 3-1, 3-0, 2-2, 2-1, 2-0, 1-1, 1-0, 0-0。如若两方区内点数相同,如 6-6,即称为对牌。

形。现将骨牌原来的模样隐去,每半区算作一格,标明数值,如上图所示。

说到这里,您应该猜到游戏的目的了吧:找出每张骨牌在表中的确切位置。

如何解答此类表格?

破译此类表格最好的方法是从那些摆放位置只能二选一的牌或对牌入手。以下表为例说明:

1. 双二可以放在 C3-C4 或 F7-G7。假设放在 C3-C4,那么剩余的六个 2 中,可与 4 或 6 相连的 2 只有一个(在 E5 位置)。由于该位置不能同时摆放牌 2-4 和 2-6,因此假设不成立。由此可推出:双二必定在 F7-G7 上,且 H7-H6 上为 0-2。

2. G5-H5 位可否为双零牌?假如是,那么 E7 位的 0 则与 E6 位的 6 相连,D7 位的 0 则与 C7 位的 5 相连(0-6、0-5、0-0 三张牌已定,那么 D1 位上的 0 和与之相邻的三张牌无法组合了)。由此可推出:G5-H5 不能为双零,H5 位的 0 与 H4 位的 4 组成一张牌。

2-2、0-2 和 0-4 三张牌已找出,那么我们就可以在下表相邻的两个 2 之间、相邻的 2 和 0 之间、相邻的 4 和 0 之间标注出分隔线。

	A	B	C	D	E	F	G	H
1	1	1	0	0	2	3	4	1
2	3	0	1	5	1	5	5	6
3	3	4	2	3	4	6	1	4
4	1	4	2	3	4	6	6	4
5	1	3	6	6	2	5	0	0
6	2	5	4	6	6	5	3	2
7	3	5	5	0	0	2	2	0

用此类方法逐步推算,我们就可毫不费力地破解此表。接下来还有

两张表,您来试一下吧。

0	1	1	2	3	1	4	5
5	6	3	0	3	1	0	6
2	4	1	6	2	2	0	1
0	0	5	5	5	4	3	3
2	4	0	3	1	1	2	6
5	6	3	4	6	2	2	6
4	3	5	4	4	0	5	6

0	1	1	2	3	4	5	5
0	5	1	5	5	4	4	6
3	2	0	4	2	0	1	1
3	6	6	4	2	2	5	5
1	6	0	1	5	0	6	6
6	1	0	3	3	0	3	3
4	2	2	6	4	2	4	3

▶答案:205 页

后言:

解答此类题目并不需要真正的多米诺骨牌,一支铅笔、一块橡皮,足矣。瞧,并没有您想象当中那么难吧。

破译出上面两个表格后,您完全可以自己动手设计多米诺拼图了。注意了,设计好表格之后千万别马上动手破译,将它扔在一边,几天后,等您忘得差不多时就可以动手了。

有一点是肯定的,就是此类表格,除非在书写的时候出了错,否则只有一解。

第 148 题　多米诺大猜想

最后,让我们来一道超级难题:

将多米诺骨牌中的全部对牌取走(总共 28 张牌)。

有趣的数学

　　再将余下牌中的 18 张牌摆成一个正方形(如图所示),要求位于每行、每列或对角线上的半区的数值各不相同。请问每块翻转的骨牌上的数值分别是多少?

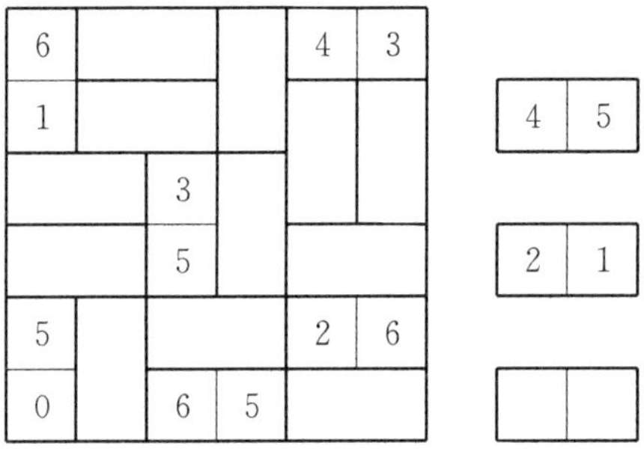

　　提醒:多米诺骨牌中,0～6 每个数值只和其他数值组合一次。比如:牌 4-3 只有一张。

▶答案:206 页

答案

第一章　趣味热身20题

第 1 题　2 和 3 之间

2 和 3 之间加上小数点即可,答案为 2.3。

第 2 题　正面,反面

1 用字母拼写为"un",字母"u"倒转之后即变成字母"n",反之亦然。

第 3 题　罗马数字之谜

数字中,不论用液晶数字或罗马数字表示,颠倒之后仍能保持不变的只有数字 1 和 7。由 L 和 I 组的且能被 3 整除的罗马数字只有 LI=51,该数正好为 17 的三倍。因此,答案为 17。

第 4 题　巧移火柴棒

第 5 题　各就其位

显然,两个数字 3 只能填入第一和第五格(或者第二和第六格)。那

么数字 1 只能填入第二与第四格,答案如下图所示:

3	1	2	1	3	2

第 6 题　三个质数

三个奇数之和为奇数。根据已知条件,三数之和为 10000,因此,当中必定有一个偶数,2 是唯一的偶质数。由于 1 不是质数,那么 2 即为三个质数中的最小值。

第 7 题　自指句

答案:Cette phrases comporte deux mots de quatre lettres.

(中文意思:本句含有两个四字母单词。)

第 8 题　镜面除法

所求除式为 52/25,正好得出商 2 余 2。

第 9 题　调换位置

答案:$29 \times 3 = 87$ 和 $39 \times 2 = 78$

第 10 题　雅克的年龄

本题可通过多次代入验算的办法推算出雅克生于 1984 年,2006 年时他的年龄是 22 岁(可以验证一下:$1 + 9 + 8 + 4 = 22$)。

精通数学的读者可用 9 验法,解题速度会快许多。

第 11 题　递增与乘法

答案:$2 \times 34 = 68$

第 12 题　文字等式

本题有四解:

UN＋SIX＋CINQ＋TROIS＝QUINZE

UN＋SIX＋SEPT＋SEIZE＝TRENTE

UN＋SIX＋ONZE＋DOUZE＝TRENTE

UN＋DIX＋SEPT＋DOUZE＝TRENTE

第 13 题　重建等式(1)

答案: 84＋179＝263

第 14 题　重建等式(2)

这个简单的操作就是将等式颠倒过来。您只需把书颠倒即可看到下面这个除式:

56＝1568/28。

第 15 题　巧移细绳

圆环与横杆顶端重叠。此时细绳正好等分成垂直的两段,每段长 1米,如图所示。

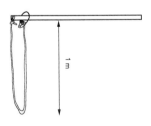

1 m

第 16 题　巧分方块

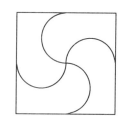

　　任意画一对称弧线,使该弧线的对称中心与正方形的对角线中心重合,那么该弧线正好将正方形分成对称的两等分。再画一条完全相同的弧线,两者呈90°夹角,如图所示。

　　要求这两条弧线在正方形之外不会交叉。

第 17 题　巧拼蜂窠

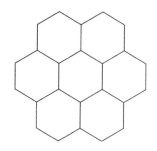

第 18 题　俄罗斯人的故事

　　这两人分别是孩子的父亲和母亲,形容词 russe 阴阳性同形①。

第 19 题　奇怪的动物园

　　当 mulet 为鲻鱼②时,就有可能。

第 20 题　多少个 3

　　假设将 0～999 间的数全部用三位数来表示,比如:45 写成 045,4 写

---

① 　译者注:在法语中,大部分的形容词是分阴阳性的,比如:français(法国的,阳性),française(法国的,阴性);也有一部分形容词则是阴阳同形的,比如 russe(俄罗斯的)。

② 　译者注:mulet 一词在法语是一词多义,既可指骡也可指鲻鱼。

成 004。那么,从 000 至 999 这 1000 个数中,总共需要用到 3000 个数字。

数字 0～9 用到的次数相同,即每个数字都会用到 300 次。

因此,数字 3 也会用到 300 次。

第二章　时间问题

第 21 题　代沟

该题通过几次替换推算即能迎刃而解。

答案:杰罗姆 37 岁,他的父亲 73 岁。

第 22 题　祖父的年龄

当西尔维活到她祖父现在这个年纪时,她祖父的年龄为 10A 岁,那么西尔维今年的年龄为 1A 岁,两者之间相差 90 岁。90 岁恰好也是今年西尔维与她祖父年龄之差的两倍。

因此,题目可简化为:A1－1A＝45,得出 A＝6。

西尔维今年 16 岁,她的祖父 61 岁;当西尔维活到她祖父现在这个年纪时,假如她的祖父还健在,应该是 106 岁。

第 23 题　博物馆的挂钟

这种情况最近一次是出现在 1998 年 7 月 26 日 15 时 43 分(26 07 98 15 43)。

第 24 题　推算日期

这一天要等到 2345 年 6 月 17 日。

第 25 题　圣·俄拉莉钟楼的挂钟

这是一个经典的时间间隔问题！6 点整时,从第一下到第六下钟声之间有五次间隔。因此,连续的两下钟声之间间隔 1 秒。

第一下到第四下钟声之间有三次间隔,因此相隔 3 秒。

第 26 题　巴希勒神父的挂钟

日历中星期显示为星期天,且调整后星期仍需显示为星期天,因此调整前后星期前进的格数应为 7 的倍数。发条转动两整圈,日历前进 62 格,正好为 31 的两倍,因此日期仍然显示为 31 号。如若要使日期显示为 1 号,那么日期需再前进一格,此时发条转动的总格数为 63,恰好是 7 的整倍数($63 = 9 \times 7$)。

因此,巴希勒神父只需将发条转动九圈就可拨正日历。

第 27 题　破译年龄

当心陷阱！法语日期表达方式中,1000 可以拼写成 mil 或 mille！

梵尚的出生年份早于 1986 年,因此,表示其出生年份的必要字母为 mille(或 mil)neuf cent X①。

假设 X 的字母个数为(X),则梵尚今年的年龄为 [mil(le) neuf cent] + (X) = (11 或 13) + (X)。

可得出等式:11(或 13) + (X) + X = 86,即 (X) + X = 75 或 73。

_____

① Mille(mil) neuf cent X 意为 19XX 年。

所以，X 与其拼写所用字母的个数之和为 73 或 75，经验证，X＝61 时条件成立，61 用字母拼写为 soixante et un，共计 12 个字母。

梵尚·米兰生于 1961 年。1986 年，他 25 岁。

第 28 题　黑色星期五

闰年有三个月都始于一周的同一天，这三个月是：一月、四月和七月。

假如闰年有三个黑色星期五，那么这三天只可能出现在这三个月份中。假若 1 月 13 日恰好是星期五，那么 1 月 1 日必定是星期日。这样的情况在 1984 年出现过，下一次将出现在 2012 年。

第 29 题　都在星期二

假设保罗与索菲都生于 3 月 1 日之后。那么每一年，不管该年是否为闰年，两人的生日均在星期的同一天（这与题目的已知条件相反）。

再假设两人都出生于 3 月 1 日之前，那么此前唯一的节假日只有 1 月 1 日，但是两人的生日不为同一天。

所以，两人中必定有一人生于 1 月 1 日，另一人则生于 3 月 1 日之后。同一年内，与 1 月 1 日同为节假日且同为星期二的，只有 11 月 11 日，而且这一年必须为非闰年。两个日子都碰上星期二，这样的巧合最近两次分别出现在 1952 年（这个答案也可被排除，因为保罗与索菲都还不到 50 岁）和 1980 年。

索菲出生于 1980 年 1 月 1 日，保罗出生于 1980 年 11 月 11 日。他们在某一年的 12 月 31 日结婚，那天正好也是星期二（这年也许是 2002 年）。

第 30 题　环游地球 80 夜

这道题对于看过《环游地球 80 天》的读者来说不会太难。书中裴丽雅·福克向东而行进行了一次环球旅行。他花了81天时间,但等他回到伦敦,却发现当地才只过了80天。

本题中我们的探险家向西而行,刚好与书中情节相反。他度过了80个夜晚,但在巴黎实际上为81个夜晚。

另外,19世纪的倒数第二年应为1899年而非2000年;如同数绵羊一样,我们是从1开始纪年而非0。

因此我们的航海家是在1899年12月31日那天启航的。

还有一处陷阱:1900年和其他整百的年份不同,它不是400的倍数,因此不是闰年。1700年和1800年也是同样的情况,但2000年为闰年。

现在我们就可以推算出探险家回到巴黎的日期是1900年3月22日。

附加题答案:

Triskaï dekaphobie 的意思是黑色星期五恐惧症。

第三章 数字与字母

第31题 各不相同

这些数中最大的是110(CENT DIX),最长的是22(VINGT-DEUX,共9个字母)。

第32题 另类的罗多游戏

假若将数字1~49按字母顺序排列,可得出下表。通过此表,可轻松找出那些与传统表格位置相同的数,它们分别是:2、8、9、31、34和36。

/	.11	43	32	20
5	40	14	31	25
2	45	4	38	22
10	42	15	39	21
18	41	16	34	28
19	48	7	37	29
17	49	6	36	24
12	44	13	33	27
8	47	30	3	26
9	46	35	1	23

第 33 题　马拉松比赛

只要想到利用(4、20)[quatre-vingt(s)]这组数字,答案就很容易找出来了。

前 3 名分别是:3-104-25,这几个号码拼写出来为:trois cent quatre-vingt-cinq,即最后 1 名到达终点线的运动员是 385 号。

第 34 题　替补球员(1)

1～22 之间由三个字母数字组成的两位数须符合如下格式:quatre-vingt-x。根据后 3 名球员所组成的数字的读音分析,前 2 名球员号码组成的数字末一位为 4。只有数字 84 和 94 有可能。

由于四个号码各不相同,这 4 名替补球员的号码只可能是:9、4、20、14。

第 35 题　从最长到最短

第五行的数字显然只能是 CENT①。让我们将其他行中可能填入的数字罗列出来:

第一行:14,26,40,60,70(可拼写成 septante)

---

① CENT:100.

第二行:17，18，19，80(可拼写成 octante)，90(可拼写成 nonante)

第三行:4，13，15，30

第四行:3，12，16，20

若要使四数之和为 100,那么唯一可行的组合如下图所示:

	Q	U	A	R	A	N	T	E
+	D	I	X	H	U	I	T	
+	T	R	E	N	T	E		
+	D	O	U	Z	E			
=	C	E	N	T				

第 36 题　从最短到最长

此题解法同上,只有一解:

	U	N					
+	S	I	X				
+	C	I	N	Q			
+	T	R	O	I	S		
+	Q	U	A	T	R	E	
=	D	I	X	N	E	U	F

第 37 题　等于自己

与其字母总值相等的最小数为 222(DEUX CENT VINGT-DEUX),
可验证:

DEUX：　　　　$4+5+21+24=54$

CENT：　　　　$3+5+14+20=42$

VINGT：$22+9+14+7+20=72$

DEUX ：　　　　$4+5+21+24=54$

字母总值　　　　　　　$=222$

第38题　数字跳棋

下图给出了从 1～20 号格子起跳至终点的线路图。

唯一能避开 81 号格的起始格为 14 号格。

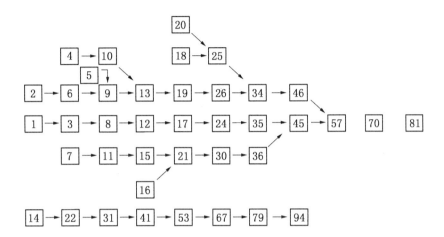

第39题　神奇的表格

1. HUIT(8)是唯一一个与其他各数有一相同字母的数字。因此它必定位于中心格中。

2. 9 个数字共有 36 个字母。因此每行的字母个数应为 12 个。照此条件,数字 QUATRE(4)和 UN(1)必须同行,数字 TROIS(3)和 SIX(6)亦如此。

3. QUATRE 和 UN 不能位于中间行。否则,数字 SIX 将无处可填,因为它与 QUATRE 和 UN 没有任何一个字母相同。

4. 第一列与第三列呈对称,可将 UN 和 QUATRE 填入最后一行。

5. 假若 UN 和 QUATRE 填入最后一行,那么数字 SIX 因与这两个数字没有任何一个字母相同,所以它和 TROIS 一起,填入第一行(参详说明 2)。

6. 暂且放下第一行的 SIX 和 TROIS,数字 NEUF 因和这两个数没有相同字母,因此只能和 UN 和 QUATRE 一起填入第三行。

7. 假设 DEUX 在第一行,那么它不能被填入中间格,否则它将与 TROIS 为邻,两者并没有相同字母。DEUX 也不能占用 HUIT 所在的中心格。由于第一列和第三列是对称的,可将 DEUX 填入第一列的第一格或第二格。

8. 不管 DEUX 位于第一列中的哪一格,它的相邻数字不能是 TROIS,因为两者没有相同字母。因此,TROIS 应在右上角的格中。

9. 数字 CINQ 和 DEUX 没有相同字母,因此只能填入第三列的第二格。

至此,该题基本已解。现在只剩下 SEPT 和 SIX 的位置了,由于 SEPT 和 CINQ 不能相邻,得出下面两解:

DEUX	SIX	TROIS
SEPT	HUIT	CINQ
NEUF	QUATRE	UN

SEPT	SIX	TROIS
DEUX	HUIT	CINQ
UN	QUATRE	NEUF

左图中,可将 NEUF 和 QUATRE 对调位置。右图中,UN、QUATRE、DEUX 三个数字的位序也无关紧要,这样就有 6 种可能性。

加上上图两解,共 8 解,再加上该表具有对称性,即左右两列或上下两行均可对调位置,所以该题共有 32 解。

第四章　趣味故事

第 40 题　梨的故事

假设一开始每筐各有 N 个梨,p、q、r 分别为每筐梨初始数量与最终数量之差,p、q、r 的值可以为正数(数量增加了)或为负数(数量减少了)。

梨的总数不会改变。因此得出

等式(1)　　　　　　$p+q+r=0$

根据题目最后的已知条件,得出

等式(2)　　　　　　$N+p=2(N+q)$

等式(3)　　　　　　$N+p=3(N+r)$

消掉 p 和 q 后,得出

等式(4)　　　　　　$11r=-5N$

p、q、r 三者的绝对值小于或等于 7,根据等式(4)可知 $N=11$、$r=-5$。

根据等式(3)可知 $p=7$、$q=-2$,至此,题目得解。

	筐 1	筐 2	筐 3
起始值	11	11	11
安德烈移动之后	10	11	12
贝尔纳移动之后	10	9	14
克劳德移动之后	6	9	18

第41题　苹果的故事

假设一开始每堆苹果的数量为 x。

保罗拿走苹果之后,剩下三堆的数量分别为:$x-2$、x、x。

假如雅克拿走的是 $x-2$ 那堆苹果,那么剩余两堆苹果的数量为:$x+2$ 和 x。根据已知条件,可得出:$x+2=2x$,即 $x=2$。但是,假如 x 的真值为 2,那么 $x-2$ 的值为 0,也就是说保罗取走苹果之后,三堆苹果的数量分别为:0、2、2,事实上只剩下了两堆苹果(假设不成立)。

因此,雅克取走的那堆苹果数量为 x,而且他将两个苹果放到了数量为 x 的苹果堆中。这样剩余两堆苹果的数量分别为 x－2 和 x＋2,得出等式:x＋2＝2(x－2),结果为 x＝6。

篮子里总共有 24 个苹果。

第 42 题　橙子的故事

此类题目可用倒推法从最终结果出发解题。

经过最后一次分配,每堆橙子的数量为 32、32、32,也就是说总共有 96 个橙子。

最后一次分配前,前面两堆橙子的数量应该是 32 的一半,即每堆 16 个,那么第三堆橙子的数量应为 96－32＝64 个。

第二次分配前,第一堆橙子的数量应该是 16 的一半,即 8 个橙子;第三堆橙子的数量应为 64 的一半,即 32 个橙子。那么第二堆橙子的数量应为 96－40＝56 个。

第一次分配前,第二堆橙子的数量为 56 的一半,即 28 个橙子;第三堆橙子的数量为 32 的一半,即 16 个橙子。因此第一堆橙子的数量为 96－44＝52 个。

每次分配后数量变化如下表所示:

	第一堆	第二堆	第三堆
初始值	52	28	16
第一次分配后	8	56	32
第二次分配后	16	16	64
第三次分配后	32	32	32

第 43 题　鸟的故事

此题解法非常简单。

请根据下表研究一下每天笼中鸟儿数量的变化情况。

笼子数量	1	2	3	4	5	6	7	8	9	10
初始值	3	3	3	3	3					
第一天	2	2	2	2	2	**5**				
第二天	1	1	1	1	1	4	**6**			
第三天	0	0	0	0	0	3	5	**7**		
第四天	**3**	0	0	0	0	2	4	6		
第五天	2	**4**	0	0	0	1	3	5		
第六天	1	3	**5**	0	0	0	2	4		
第七天	0	2	4	**5**	0	0	1	3		
第八天	**5**	1	3	4	0	0	0	2		
第九天	4	0	2	3	5	0	0	1		
第十天	3	**5**	1	2	4					

至此可看出，笼中最多装 5 只鸟。

从第五天起，各笼鸟儿数量的分配情况是相同的，这种情况将一直持续至年末。即 5 个鸟笼分别关着 1、2、3、4、5 只鸟。

注意：不管一开始每只鸟笼关几只鸟，最终或快或慢都会归结到这一结果。这种分配方式有一个专门的数学术语叫"吸引子"。

第44题　多米诺骨牌

所有对牌已经出完。由于每个点数在牌局中均以配对方式出牌，可以确定，一旦牌局结束，则牌链两端的牌面点数是相同的。既然已亮牌面的点数配对出现，那么留在两人手中的牌面点数也应成对。根据已知条件，所有对牌已出完，则两人手中剩下的三张牌的点数应为：A-B、A-C、B-C。

即弗雷德里克手中的牌为 A-B。他赢了 4 分，可得出

$A＋C＋C＋C－A－B＝4$，得出 $C＝2$。

两人手中应当都没有 2-1 这张牌，否则牌局不会终结。2-6 和 2-5 则

已出。

现在 A 和 B 只剩下 3 种可能性:0-3(牌已出)、3-4(牌已出)和 4-0。

因此,弗雷德里克手里的 A-B 牌只能为 4-0。至于尼古拉,他手中还留有 0-2 和 4-2 两张牌。

第 45 题　家的故事(1)

本题应从第二个家庭入手,贝蒂家只有一种可能:3 女 1 男共 4 个孩子。

同样,勒格朗家也有 4 个孩子,根据题目已知条件,只能是:3 个女孩 1 个男孩。

第 46 题　家的故事(2)

根据两个孩子的回答,可确定卡米尔与克劳德的性别不同。

设定家中有 x 个男孩和 y 个女孩。

假如卡米尔为男孩,那么他有(x－1)个兄弟和 y 个姐妹。

根据他所说的话,可得出等式(1):x－1＝y

那么克劳德就有 x 个兄弟和(y－1)个姐妹。

根据她所说的话,可得出等式(2):y－1＝2x

等式(1)和(2)得出的解为负,无效。

因此可确定克劳德为男孩、卡米尔为女孩子。从他们的话语中可得出

等式(3):x＝y－1

等式(4):y＝2x－2

根据等式(3)和(4),得出:x＝3 和 y＝4。

杜布瓦夫妇共有 7 个孩子:3 男 4 女。

第 47 题　硬币的故事

假设将所有 50 分面额的硬币替换成 20 分面额的,那么每枚硬币产

生 30 欧分的差额。同时,保持硬币的枚数和总额不变。

由于每枚硬币值 20 欧分,那么 28 枚硬币的总额为 $28 \times 0.20 = 5.6$ 欧元。

那么,全部硬币面额与实际数额的差为 $8.6 - 5.6 = 3$ 欧元。

由于每枚替换硬币有 0.3 欧元的差额,这样就意味着有 10 枚 50 分面额的硬币被替换成了 20 分面额的。

因此,玛琳娜共有 10 枚 50 分面额和 18 枚 20 分面额的硬币。

第 48 题　塞雷斯汀家的故事

小心陷阱!今年 x 岁的人,那么两年前他的年龄应是 $(x-2)$ 岁。因此只有当 x 大于且等于 2 时年龄才为正数。

七个孩子六年之内相继出生,生日都是 4 月 1 日。因此可知其中有一对双胞胎。

假设最小的孩子至少 2 岁。所有孩子的年龄相加之和设为 A,那么两年前,所有孩子年龄之和为今年的年龄之和减去 14,即每个孩子减掉 2 岁,为 $A-14$,可得出等式:

$A=2(A-14)$,即 $A=28$

在这种情况下,假设最小的孩子至少 2 岁,那么和的最小值为:

$2+3+4+5+6+7+q$(q 为其中一个双胞胎的年龄),即 $Smin = 27+q$ 且 $q \geqslant 2$。

结果是 $Smin \geqslant 29$。因此,$A=28$ 为错解。

由此可断定,最小的孩子为 1 岁,其他孩子的年纪依次相连,总和为:

$SI = 1+2+3+4+5+6+q = 21+q$

两年前他们的年龄之和为:

如若 $q>1$,则 $SII = 0+1+2+3+4+q-2 = q+8$;

如若 $q=1$,则和为 10。

根据已知条件 SI＝ SII，可得出等式：$21＋q＝2q＋16$，结果为：$q＝5$ $q＝1$ 的情况无效。

因此，七个孩子的年龄分别是：1、2、3、4、5、5、6（一对双胞胎为5岁）。

祖母今年买了 26 根蜡烛，两年前她买了 13 根。

第49题　油漆匠与学徒工

一个油漆匠单独工作，粉刷一间房子需要 10 个小时。

若和徒弟一起工作，则需时 6 小时，也就是说油漆匠刷了 6/10 个客厅，徒弟刷了 4/10。

换句话说，油漆匠的工作速度是徒弟的 1.5 倍。当他单独工作时，粉刷一个客厅需时 10 小时。那么换成徒弟单独工作，他所需的时间是师傅的 1.5 倍，即 $10 \times 1.5 ＝ 15$ 小时。

第五章　数字与组合

第50题　数字组合

下面为四解中的其中两解：

9	7	10	8	6
1	2	3	4	5
+10	9	13	12	11
−8	5	7	4	1

8	6	9	7	10
1	2	3	4	5
+9	8	12	11	15
−7	4	6	3	5

第51题　一、二、三、四

唯一的解：

4	1	3	1	2	4	3	2

第52题　全部为14

通过分析左图骰子的点数，得出小骰子相对两面的点数组合情况如下：

a：1-3　　　2-4　　　5-6

b：1-3　　　2-6　　　5-4

c：1-4　　　2-5　　　3-6

d：1-4　　　2-6　　　3-5

e：1-6　　　2-4　　　3-5

f：1-2　　　3-6　　　5-4

在已知骰子两面的点数的情况下，可推算出其余两面的点数组合情况。

要使这两面的点数之和为14，唯一成立的组合为c和e两种情况。点数3的朝向表明4与2相对。因此我们可以发现组合c也是不可能的。

再来分析一下e组合：根据第三颗骰子可推出其余各面的点数如下图所示：

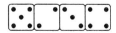

但是，我们并不清楚点数6是在左边还是右边。没关系，这种变化反

而使得我们能够推算出骰子组合空白面的点数如下图所示：

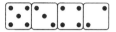

我们注意到 2 和 3 朝下。

第 53 题　神奇的四面体

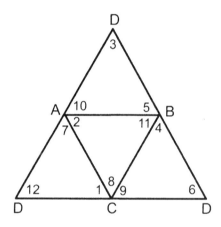

数 1~12 的总和为 78。由于四个顶点之和为相连的四个数，则为：18、19、20 和 21。

根据上面的分析，能够很快找出答案。下面是其中一解：

顶点 D 与三角面 ABC 相对，和为 21。

顶点 B 与三角面 ADC 相对，和为 20。

顶点 A 与三角面 BCD 相对，和为 19。

顶点 C 与三角面 ABD 相对，和为 18。

第 54 题　神奇的五角星

假设所求之和为 S。

将五个三角形之和相加，那么外圈的数字（Se）相加一遍，而内圈数字

(Si)则相加两遍。

由此得出：$5S = Se + 2Si = (Se + Si) + Si = Si + 45$

45 为数字 0～9 之和，即 Se＋Si 之和。得出：$S = 9 + Si/5$

Si 的最小值为 $0+1+2+3+4 = 10$，最大值为：$9+8+7+6+5 = 35$。

因此 S 的值介于 11 与 16 之间，而且 Si 和 Se 都是 5 的倍数。

根据上述分析，我们可以发现该题有多解。下图为其中一解：Si＝10，S＝11。

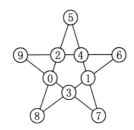

第 55 题　和为质数

两解如下：

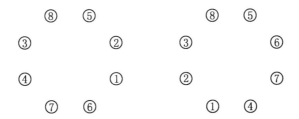

注意：位于直径两端相对的两数之差是不变的，左图差为 2，右图差为 4。

第 56 题　替补球员(2)

指定字母 E 为数字 1、2、3 的集合。

假设在这 5 名替补球员的号码中没有数字 0；那么在这个八位数的回文数中数字 A 和 B 将会出现两次，且 A 和 B 不在集合 E 内，可得出四个号码：A、1A、B、1B，因此第五个号码为 22。

由于只有两个连续号码；22 不可能是其中一个，B 和 1A 也不是，根据我们的假设，A 不为 0。假设 A 和 B 是相连的两个号码，那么 1A 和 1B 也是相连的（与已知条件不符）。因此在这五个号码中肯定有数字 0，其中两个号码必定为 10 和 20，那么其他两个数字为 1 和 2。

根据第四个数字 A 可推出其他两个数字为 A 与 1A，再加上 2，现在我们得出这五个号码是：2、A、10、1A 和 20。其中有且只有两个连续的号码。唯一的可能只有 A＝3，那么 5 名球员的号码分别为：

3-10-2-20-13 或 20-13-3-10-2

第 57 题　算术平均数

下图所给出的答案似乎仅凭直觉就能解决。但是得保持头脑冷静！

1	2	3
4	5	6
7	8	9

第 58 题　你好，2007(1)

本题非常容易解答。若要得出最后一列的差为 7，那么第一行和第二行最后一个格子只能填 1 和 4。

得出上面的结论后，剩下的就很简单了。有两解：

	4	3	2	1
−	2	3	1	4
=	2	0	0	7

	3	2	4	1
−	1	2	3	4
=	2	0	0	7

第 59 题　*你好*, 2007(2)

A	B	C
D	E	F
G	H	I

数字 1~9 之和为 45。因此,这九个数字只有以下两种排列方式才使得横向的三数之和为 2007:

C＋F＋I＝7　　　　B＋E＋H＝20　　　　A＋D＋G＝18

或 C＋F＋I＝17　　B＋E＋H＝9　　　　A＋D＋G＝19

这点对纵向的三个数字也同样适用,纵向三组数字组合为:G＋H＋I、D＋E＋F 和 A＋B＋C。

此外,C＋F＋I 与 G＋H＋I 不能同时为 7。在两个等式中,某个字母的值至少为 1,该值只能赋予两个组共有的字母 I,其余两个字母的值分别为 2 和 4。

接下来只需推算一下即可。下面给出两解:

8	9	2
3	5	1
7	6	4

8	2	9
5	3	1
6	4	7

第 60 题　*你好*, 2007(3)

按照上题字母的排列组合,可得出如下等式:

```
        r s
        A B C
      + D E F
      + G H I
      + A D G
      + B E H
      + C F I
      ─────────
      2 0 0 7
```

可将第三列换写成等式(1)： $\qquad$ C＋F＋G＋H＋2I＝7＋10s

可将第二列换写成等式(2)： $\qquad$ s＋B＋H＋D＋F＋2E＝10r

可将第一列换写成等式(3)： $\qquad$ r＋D＋G＋B＋C＋2A＝20

字母 A～I 在三个等式左边各出现了两次。9 个字母之和等于 1～9 九个数字之和，即 45。将(1)、(2)、(3)三个等式合并，得出：

$$90＝27＋9(r＋s)$$

即 r＋s＝7。

可知第三列的各数之和最大不超过 44，因此 s 的值最大为 3。第一列中，r 的值最大不超过 4，否则三数之和将超过 2100。既然 r 和 s 之和为 7，那么两者的数值只能是 r＝4 和 s＝3。接着可推算出 A＝1，字母 B、D、G、C 的值分别为 2、3、4、5，字母 E、F、H、I 的值分别为 6、7、8、9。

其中一解如下：

1	3	5
2	9	6
4	8	7

第六章　字母算式

第 61 题

$$\begin{array}{r} G\ R\ A\ D\ E \\ +\quad D\ E\ G\ R\ E \\ \hline =R\ A\ D\ I\ A\ N \end{array}$$

可以肯定,列 1 中 R＝1。

根据列 2,可知 A 小于 G 和 D。那么列 5 中,因为 A＜D 且 R 值为 1 可知 A 同时小于 R,所以可推算出 A＝0, D＝9 或 8。

假如 D＝9,则从列 3(R、E、B)至列 2(G、D、A)无进位数,由 A 值为 0 可推出 G＝1,但是值 1 已赋予字母 R。由此可知 D＝8。根据列 2 和列 4,可分别推出 G＝2 和 I＝3。

现已知列 3 中 R＝1,D＝8,可推出 E＝7,那么最后一列中 N＝4。

答案如下:

$$
\begin{array}{r}
2\ 1\ 0\ 8\ 7 \\
+\quad 8\ 7\ 2\ 1\ 7 \\
\hline
=\ 1\ 0\ 8\ 3\ 0\ 4
\end{array}
$$

第 62 题

$$
\begin{array}{r}
r \\
B\ A\ N\ J\ O \\
+\quad P\ I\ A\ N\ O \\
\hline
=\ B\ I\ N\ I\ O\ U
\end{array}
$$

可以肯定,列 1 中 B＝1。

根据列 2,可知 I 小于 B 和 P。因为已知 B＝1,可得出 I＝0。

值 0 和值 1 已赋。列 3 中已知 I＝0,可推出 N＞A 且无进位数至列 2,由此可知 P＝9。

列 3 中,已知 I＝0,可得出式(1): 1＋A＝N。

根据列 4 可得出式(2):进位数 r＋N＋A＝10。

综合式(1)和式(2),可推出:A＝4, N＝5,进位数 r 等于 1。

进位数 r 产生于列 5,字母 O＜N(N＝5)。剩余数值中字母 O 的可能赋值只能为 3 或 2。假如 O＝2,则推出最后一列中 U＝4,该值已赋予字母 N。

因此可依次推出 O＝3，U＝6 和 J＝8。

答案如下：

```
        1   4   5   8   3
    +   9   0   4   5   3
    ─────────────────────
    =   1   0   5   0   3   6
```

第 63 题

```
                    r   1
            C   A   R   P   E
        +   P   E   R   C   H   E
        ─────────────────────────
        =   H   A   R   E   N   G
```

列 3 中字母 R 分别位于等号线上下。可推出另一字母 A 的值为 0 或 9，这使得列 2 的情况变得扑朔迷离：假设 A＝9，则列 1 无进位数，可得出 P＝H。因此可确定 A＝0 且列 2 无进位数。

根据列 2 可推出式(1) C＋E＝10。

列 3 无进位数，据此可知列 4 中 E＞C，综合(1)式分析可知 E＞5。

现在给 E 分别赋值 6～9。在已知 E 为何值的情况下，可根据式(1) 推出 C 的赋值与最后一列中 G(G＝2E) 的赋值，接下来还可根据进位数 r 推出列 4 中 R 的一个或多个赋值。

赋值推算结果如下图左表(E、C、G、R)所示。

此外，可看出列 4 中可能存在的进位数 r 值为 1，且 G＝R＋1(两者关系可从表中得出)。

由于列 4 有进位数 1，可知列 5 中 1＋P＋H＞10，亦可知列 1 中 1＋ P＝H。因此，可推出 P＞4。

现在给 P 分别赋值 5～9。在已知 P 为何值的情况下，可得出 H 的赋值为 P＋1。在已知 P 和 H 赋值的情况下，可推算出列 5 中 N 的赋值，且由于 E 值大于 5,列 5 还存在进位数 1。

(P、H、G)赋值推算表如下图右表所示:

测试	E	C	G	R
a	6	4	2	1
b	7	3	4	3
c	8	2	6	5
d	9	1	8	7

测试	P	H	N
e	5	6	2
f	6	7	4
g	7	8	6
h	8	9	8

根据两表,可立即排除 b 和 h 两个测试组(因该两组中均出现了同一值赋予了两个不同字母的情况)。在右边的(P、H、N)推算表中,可发现每个测试组都出现数值 6。因此可判定左边(E、C、G、R)表中 a 和 c 两个测试组亦可排除。现可知(E、C、G、R)的赋值为(9、1、8、7),(P、H、N)的赋值为(5、6、2),唯一一个各字母赋值不同的组合。

答案如下:

$$
\begin{array}{r}
1\ 0\ 7\ 5\ 9 \\
+\ 5\ 9\ 7\ 1\ 6\ 9 \\
\hline
=\ 6\ 0\ 7\ 9\ 2\ 8
\end{array}
$$

第 64 题

$$
\begin{array}{r}
O\ S\ L\ O \\
+\quad S\ O\ F\ I\ A \\
\hline
=\ V\ I\ E\ N\ N\ E
\end{array}
$$

粗略一看,即可发现:$S=9$、$I=0$、$V=1$,且列 3 中的字母 $O>5$ 且 $O>E$。

由于 $O>E$,则最后一列会产生一进位数,由此可知 $N=L+1$ 且列 4 无进位数。

列 4 中,由 $S=9$ 可推出 $F=N+1$,再结合前段分析,可知字母 L、N

和 F 为三个相连的数字。

列 3 中,进位数 1＋O＋O 之和的尾数为 E。列 6 中,O＋A 之和尾数同样为 E。可得出:A＝1＋O。

由于 O＞5,所以 O 的赋值只能为 6 或 7。假设 O 为 8,那么推出 A＝9,该值已赋予 S。

假设 O 为 6,则 A＝7,E＝3。那么,剩下未赋值的数值为:2、4、5、8,字母 L、N 和 F 三数不能相连。

因此,可知 O＝7、A＝8 及 E＝5。剩下未赋值的数值为:2、3、4、6。其中有三个数值相连,即 L、N 和 F 的赋值分别为 2、3、4。

答案如下:

$$
\begin{array}{r}
7\ 9\ 2\ 7 \\
+\quad 9\ 7\ 4\ 0\ 8 \\
\hline
=\ 1\ 0\ 5\ 3\ 3\ 5
\end{array}
$$

第 65 题

$$
\begin{array}{r}
\text{E R N E S T} \\
+\ \text{V I N C E N T} \\
\hline
=\ \text{E T I E N N E}
\end{array}
$$

根据列 2 可判断出 T＜E,这样列 1 才会有进位数。

已知 T＜E,可推出最后一列中 T＜5 且 T 的值不为 0,列 6 无进位数,由此可知 S＝0 且列 5 亦无进位数。

现在给 T 分别赋值 1～4,可将算式转换为下面的推算表。

已知 T 值,可根据最后一列推知:E＝2×T。

可继续推知列 1 中的 V 值,为 V＝E－1(而且,T 不等于 1,否则推算结果为 E＝2 且 V＝1),因此,T 的值域缩至 2～4 之间。

已知 E 的赋值,即可推算出列 5 中 N 的赋值,N 为 2×E 之积的尾数。

已知 N 和 E 的赋值,即可推算出列 4 中 C 的赋值:假如 E＜5,则 N＋C＝10＋E;假如 E＞5,则 1＋N＋C＝E。

已知 T 和 E 的赋值,即可推算出 I 的赋值,(E＋I＋可能存在的进位数)之和的尾数为 T。理论上,有两种可能,但实际只有一种可能。

已知 N 和 I 的赋值,即可推算出列 3 中 R 的赋值,(R＋N＋可能存在的进位数)之和的尾数为 I。

赋值推算表如下:

测　试	T	E	V	N	C	I	R
a	2	4	3	8	6	7	8
b	3	6	5	2	3		
c	4	8	7	6	1	5	9

从表中可看出只有测试组 c 中各值相异,因此答案是:

$$
\begin{array}{r}
8\ 9\ 6\ 8\ 0\ 4 \\
+\ 7\ 5\ 6\ 1\ 8\ 6\ 4 \\
\hline
=\ 8\ 4\ 5\ 8\ 6\ 6\ 8
\end{array}
$$

第 66 题

$$
\begin{array}{r}
D\ A\ M\ E \\
D\ A\ M\ E \\
D\ A\ M\ E \\
+\quad D\ A\ M\ E \\
\hline
=\ C\ A\ R\ R\ E
\end{array}
$$

根据最后一列,可得出:E＝0。

根据列 4,可看出 R 为偶数且 R 重复出现于第 3 列的运算结果中。由此可知列 4 中 4×M 产生的进位数同样应为偶数。由于 0 已赋值,因此 M 可能的赋值仅为 1、2、6 和 7。

已知 M 的赋值,即可推算出列 4 中 R 的赋值。得出 R 值即可推算出列 3 中 A 的赋值(有 1~2 个赋值)。

最后,已知 A 的赋值可推定列 2 中的 D 赋值,本题只有一解:

$$
\begin{array}{r}
4\ 9\ 7\ 0 \\
4\ 9\ 7\ 0 \\
4\ 9\ 7\ 0 \\
+\quad 4\ 9\ 7\ 0 \\
\hline
=\ 1\ 9\ 8\ 8\ 0
\end{array}
$$

第 67 题　神奇的五格游戏

答案很简单:

	1	8
7	2	4

第 68 题　循环换位(1)

根据题意可列出如下字母等式,r 和 s 分别为列 1 和列 2 的进位数:

$$
\begin{array}{cccc}
 & r & s & \\
 & A & B & C \\
+ & B & C & A \\
+ & C & A & B \\
\hline
= & ? & ? & ? & ?
\end{array}
$$

A、B、C 三个数字在每列中都有出现。三数之和始终不变,因此两个进位数相异,可得出 $s=1$ 和 $r=2$。只有当 C+B+A=19 时,等式才能成立。A、B、C 符合此项条件的组合有多个,但不管是哪种组合,三数之和始终为 2019。

例如:874+748+487=2019。

第 69 题 循环换位(2)

可逐个测试 A、B 可能的组合。

第二个乘式中,A×B 之积的尾数为 C,因此 B 和 C 的赋值既不为 1 也不为 0。

假设已知 A、B 和 C 的赋值,即可根据第一式推出 D、E、F 的值。假设已知 D、A、B 的赋值,即可根据第二式推出 E、F、C 的值。

接下来只要验证一下字母 E、F、C 在两式中的值是否相等即可。A、B 的唯一一解是 6 和 8。

第 70 题 对称的等式

A、B、C、D、E 乘以 4,积仍为一个五位数。因此,A 的值不会超过 2。A、B、C、D、E 乘以 4 所得积的尾数为 A 且该乘积为一偶数,因此可得出:A=2。

4×E 之积尾数为 2。因此,E 的值为 3 或 8;由于 E 在积中为首位数,乘数为 4,则可推出 E>4,故 E=8。

如要使 E=8,那么 4×B 之积不应产生进位数。根据已知条件,B 值不为 0,因此 B=1 且等号右边第二格的 D>4。

如要使乘积第四格为 B＝1,那么 D 的值必须为 7 或 2。由于 D 值大于 4,因此 D＝7。

综上所述,可知乘积的第三格有一进位数 3,可推出 4×C＋3 之和的尾数为 C,即 3×C 之积尾数为 7,得出:C＝9。

答案如下:

$$2\ 1\ 9\ 7\ 8 \times 4 = 8\ 7\ 9\ 1\ 2$$

第七章　谜式与定数

第 71 题　拼组乘式

$$746 \times 86 = 64156$$

第 72 题　家住何省

假设所求省份代号为 x,目前而言,该值可能为正,亦可能为负。

假设反序数为乘积,x 为方程的解,得出:

等式(1)　　$(504-x)(73+x)=48651$

假设反序数为乘数,x 为方程的解,得出:

等式(2)　　$37(504-x)=15684+x$

假设反序数为被乘数,可得出:

等式(3)　　$405(73+x)=15684-x$

上述三式中,只有等式(2)中 x 的解为整数,且正好为伊夫琳娜省的代号,所以原先的乘式为:$426 \times 37 = 15762$。

第 73 题　错误的等式

此题只有一解：$413 \times 246 = 101598$

让我们来验证一下：

$413 + 29 = 442$，$246 + 43 = 289$，$101589 + 29 + 43 = 101670$

根据题意可得出等式：$(442 - A)(289 - B) = 101670 - A - B$

即：$441B + 288A = 26068 + AB$，或：$B(441 - A) = 26068 - 288A$，

简化等式后可得出：

等式（1）　　　$B = 288 - (100940 / (441 - A))$

接着将 100940 分解质因数：$100940 = 2^2 \times 5 \times 7^2 \times 103$

$441 - A$ 的值域为 $342 \sim 431$。那么属于 100940 质因数值域范围之内唯一数值为 $2^2 \times 103 = 412$，即 $A = 29$。根据等式（1），可知 $B = 43$。

第 74 题　补全等式

已知乘数的第 2 个数字为 2 且第二项因式的第 2 个数字为 4，即可推断出乘数的第 1 个数字只能为 7。

第二项因式的第 1 个数字必为 1。第三项因式的第 1 个数字应为 6，因为多项式之和首位数为 6 且列 2 没有产生进位数。

第三项因式前两位为 6 和 5 且被乘数首位为 7，因此乘数的首位数字为 9。

已知第三项因式的第 2 个数字为 5，因此被乘数的第 2 个数字为 3（进位数为 2）。由此可知被乘数为 731。

已知第一项因式的第 2 个数字为 3，由此可反推出乘数的最后一位数只能为 6。

至此，该乘式完全破解：

$$
\begin{array}{r}
7 \quad 3 \quad 1 \\
\times \quad 9 \quad 2 \quad 6 \\
\hline
4 \quad 3 \quad 8 \quad 6 \\
1 \quad 4 \quad 6 \quad 2 \\
6 \quad 5 \quad 7 \quad 9 \\
\hline
= \quad 6 \quad 7 \quad 6 \quad 9 \quad 0 \quad 6
\end{array}
$$

第75题　多米诺拼图

首先,可以很轻松地判断出乘积开头两位数应为 1 和 0,且第二项因式首位数应为 9,依次类推可得出正确答案,如下:

$$
\begin{array}{r}
1 \quad 0 \quad 6 \quad 8 \\
\times \quad 9 \quad 8 \\
\hline
8 \quad 5 \quad 4 \quad 4 \\
9 \quad 6 \quad 1 \quad 2 \\
\hline
= \quad 1 \quad 0 \quad 4 \quad 6 \quad 6 \quad 4
\end{array}
$$

第76题　趣味游戏

$$12＋3＋45＋6＋7＋8＋9＋10＝100$$

第77题　神秘的等式

题面可转换成如下等式:

$$
\begin{array}{cc}
A \quad B & E \quad B \\
\times \quad C & + \quad C \\
\hline
D \quad E & D \quad A
\end{array}
$$

根据右边的加法等式,可推出 $D＝E＋1$。因此左边乘式的积 DE 可能为:98、87、76、65、54、32 或 21,将其中的质数 43 排除。

根据以上 DE 可赋的值,列出因数 AB×C 的可能组合。只保留那些 B＋C 之和的尾数为 A 的组合,得出三解:

$$14 \times 7 = 98, 84 + 7 = 91$$
$$29 \times 3 = 87, 79 + 3 = 82$$
$$18 \times 3 = 54, 48 + 3 = 51$$

第 78 题　9 点谜题

只要将小于 333 的所有三位数代入第一行进行排查,即可轻松解答本题。根据已知条件,可排除具有下列特征的三位数:尾数为 0 或 5、首两位数为 1 和 2(否则第二个数的首位数为 2)、含有数字 0 及含有两个相同数字的。

可得出以下几解:
$$192 + 384 = 576$$
$$219 + 438 = 657$$
$$273 + 546 = 819$$
$$327 + 654 = 981$$

注意:数学高手肯定一眼就能说出第一个数字必定为 3 的倍数,这一点可帮助加快解题速度。

第 79 题　7 的倍数

前两位数组成的数最大为 14,否则后三位数组成的数将超过 1000。第三个数字最小为 7。

因此,前三位数可组成的数为:127、128、129、137、138、139。在这六个数中,只有 128 乘以 7 后,两者的乘积首位数仍为 8,且得到的五个数字各不相同、均不为零。

答案:

$$12896(128 \times 7 = 896)$$

第 80 题　19 的倍数

假设 A、B、C、D、E 为所求之数,根据已知条件,可得出:

等式(1)　　100A＋10B＋C＝19 的倍数

等式(2)　　100B＋10C＋D＝19 的倍数

使"(2)－10×(1)",得出:D－1000A＝19 的倍数

即:D－(52×19)A－12A＝19 的倍数。

或:D－12A＝19 的倍数。

因此 D 为 12A 除以 19 的余数。同样,E 为 12B 除以 19 的余数。根据 A 和 B 的赋值,可推算出 D 和 E 的值如下表所示。

首先 A≠B≠C,能使得 ABC 为 19 的倍数,且开头两位数 A、B 的值赋为 2、5、7 或 8 的,根据上表来看只有 285、589 和 874,因此 ABCDE 可能的赋值为:28551、58931 和 87418。这三个数中,只有 58931 是唯一一个各位数相异的数。

通过验证,589、893 和 931 正好均为 19 的倍数。

A 或 B	D 或 E
1	不可能
2	5
3	不可能
4	不可能
5	3
6	不可能
7	8
8	1
9	不可能

第81题　五位数

DE 是 A＋B＋C 的两倍。因此 E 为偶数。CDE 为 ABC 的三倍,因此 C 大于 3 且为偶数。因此,C 的为 4、6 或 8。

已知 C 的赋值,即可推出 A 的赋值(A 为 C/3 的全集)。而且,A 不超过 2。

A＋B＋C 三数之和最大为 2＋9＋8＝19,DE 是它的两倍,则 DE 最大为 38,即 D 最大等于 3。

根据 C 的赋值可推算出 E 的赋值(3C 的乘积尾数为 E),CDE 为 3 的倍数且 D 小于等于 3。因此,CDE 的赋值可能为:432、618 和 834。

已知 CDE 的赋值,ABC 的赋值为它的三分之一。上面三个数可能形成的五位数 ABCDE 为:14432、20618 和 27834。

五个数字必须各不相同且值非零。因此,答案只能是 27834。验证: DE＝34,A＋B＋C＝17,正好是其两倍。

第82题　正确的开端

假设第一个数为 A,第二个数为 B,接下去的数应为:

数 3:	A＋B
数 4:	A＋2B
数 5:	2A＋3B
数 6:	3A＋5B
数 7:	5A＋8B
数 8:	8A＋13B
数 9:	13A＋21B
数 10:	21A＋34B＝2006
即:	B＝(2006－21A)/34

2006 可被 34 整除，因此 A 必须为 34 的倍数。根据上述条件，两位数 A 可能的数值有两个，即 A＝34，推出 B＝38 或 A＝68，推出 B＝17 。

A 小于 B，因此唯一的解是 A＝34，B＝38。

将数列中的 10 个数字相加进行验证，和为 2006。

第八章　谜题集锦

第83题　逻辑电路

按动开关 A、F 和 C 即可。

第84题　赢的策略

对于下家来说，胜利的关键在于 6 分牌必须最后才出。

事实上，当下家出完倒数第二张牌时，已亮牌面的总分为双方所有牌面分值之和（即 56 分）减去上家手中最后一张牌的分值（假设为 x）和下家手中的 6。

因此，已亮牌面总分为 $50-x$ 。当下家出完倒数第二张牌时，由于总分并未达到 50 分，胜负未分。反之，当上家出掉最后一张牌 x 时，总数为 $(50-x)+x=50$，上家负。

第85题　玩具铅兵

按照每行且每列只有一颗棋子的要求，任意设定 6 颗棋子在棋盘上的位置。不管这 6 颗棋子位置如何，如要满足题目要求，剩余的两颗棋子只能放在四个格子中(图中用"×"标记处),且这四个格子恰好为矩形的四个角(如图 1 所示)。

6 颗棋子没有移动位置,那么移动了位置的两颗棋子昨晚的位置应在另一对角线的两端。

这两颗棋子并非只是对调了位置(因为它们之前所在的位置现在是空的)。接着让我们来研究一下这两颗棋子在棋盘上可能摆放的 28 对位置,并且验证这两颗棋子是否能按题目要求的那样位于对角线两端。答案是:d8 和 h7 这两颗棋昨天晚上是在 d7 和 h8 的位置上。

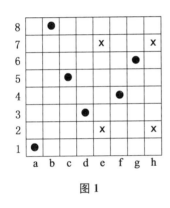

图 1

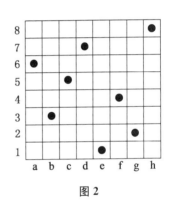

图 2

第86题　四个人的猜数游戏

可从丹尼斯提出的要求(包含数字 49)开始解题。由于十个数字不能重复(克劳迪娅的要求),那么就可以将 40 所在列、4 所在行及 9 所在行的数全部排除(49 除外)。

再来看看克劳迪娅的要求:十个数字组成 6 个数。则 6 个数中,必定有 2 个一位数和 4 个两位数。这 4 个两位数的首位数必定分别为 1、2、3 和 4(49 已经被选中),这就可以将 1、2、3 三格排除(字体加粗者为已排除)。两个一位数只能是 6 和 8,这是剩余的唯一两个非质数(阿兰的条件),接着就可排除 16～36、18～38 这两横行以及周边的 5、15、7、17

（字体加粗者为已排除）。

根据克劳迪娅提出的条件，被选定的数必定包含数字 7，且只可能是数 27，这样就可排除 20 所在列、2 所在行及 37 号格的数。（格中加粗字体者）。

10 所在列唯一可能入选的数即 10 本身，这样就可排除第 30 号格，30 所在列唯一可能入选的数为 35。

所以，答案是：6-8-10-27-35-49。

	10	**20**	30	40
1	**11**	**21**	**31**	41
2	**12**	**22**	**32**	42
3	13	**23**	33	43
4	14	24	34	44
5	1	**25**	35	45
6	**16**	**26**	**36**	46
7	**17**	27	**37**	47
8	**18**	**28**	**38**	48
9	19	29	39	49

第 87 题　巧分棋盘

假若希望组成棋盘的小片为最大数，那么在一开始的时候，就要使得小于 4 格的片数为最大值，即：

2 格小片 1 块＝2 格

3 格小片 2 块＝6 格

4 格小片 5 块＝20 格

即 8 片的总格数为 28 格。

7 块 5 格小片并不足以组成剩余的 36 格棋格。但是 8 块 5 格小片再加上之前的 8 块，总格数却为 68 格，即多出了 4 格。因此，只要取走 1 块 4 格小片，即可组成一个完整的棋盘，且块数最多。如右上图所示：

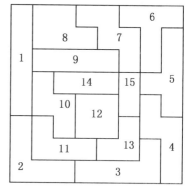

第 88 题　巧涂方格

涂法如下：

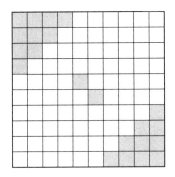

第89题　巧分卡片(1)

只需取走含有"118"三个数字的部分,再将最下方那块翻转即可,答案如图所示。

第90题　巧分卡片(2)

显然这题要难许多,因为这次须将"386"和"105"这两组数字拦腰剪断,将纸片切成三份,然后将中间含有"214"的那块移走即可。

第91题　自指句

Cette phrase comporte trente-cinq consonnes pour vingt voyelles.

（中文意思：该句含有 35 个辅音字母和 20 个元音字母）。

第92题　任性的计算器

计算器的每个数字都是由线段组成的。数字"1"含有两根线段，数字"2"含有 5 根线段，数字"3"含有 5 根线段，等等。

观察第一个加法等式中右侧等线上的那列数字，可发现假如同一位置上（比如所有数字顶端的横线段）所显示的线段数为奇数，则该线段显示在结果中。反之，如果该位置的线段数为偶数或无线段存在，则该线段不显示在结果中。

例如：

$$9+2+4+0=5$$

可按此法验证其余 5 列数字。

照此逻辑运算第二个等式，其结果为一个名字：HUGUES。

HUGUES

这个计算器真是太神奇了！

第93题　行走路线

最长的路线应从 l'AVEYRON（12）出发，然后依次经过：CANTAL（15）、CORREZE（19）、CREUSE（23）、INDRE（36）、INDRE-ET-LOIRE（37）、LOIR-ET-CHER（41）、LOIRET（45）、PARIS（75）、SEINE-ET-MARNE（77）和 YONNE（89），总共 11 个省。

第九章 逻辑推理

第94题 国王大道

从黑桃 5 出发,然后按以下路径行走:黑桃 A、方片 A、方片 8、红心 8、红心 9、红心 J、红心 6、梅花 6、梅花 K、黑桃 K、黑桃 Q、方片 Q、方片 7、黑桃 7、黑桃 8、梅花 8、梅花 Q 或梅花 3。

第95题 驰骋沙场

按照下面的路线就可以将 17 张牌全部收走:

方片 7、红心 7、红心 6、红心 5、红心 2、方片 2、方片 K、方片 8、方片 10、梅花 10、红心 10、红心 8、红心 J、方片 J、方片 3、红心 3、黑桃 3;假如跳至梅花 3 上,则无法行走至下一张牌。

第96题 全家福

八个人的位置从左至右依次为:杜邦夫人、杜浦依夫人、杜甫雷夫人、杜邦先生、杜朗夫人、杜浦依先生、杜朗先生和杜甫雷先生。

第97题 开饭喽

假设 A、B、C、D、E 为五位夫人,就坐于 1、3、5、7、9 号位;a、b、c、d、e 则分别为五位先生。那么,a 先生不能就座于 6、10、2 号位,只能坐在 4 或 8 号位。

假如 a 先生坐在 4 号位,那么 d 先生坐在 10 号位,b 先生坐在 6 号

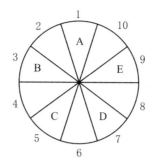

位, e 先生坐在 2 号位, c 先生坐在 8 号位。

假如 a 先生就坐于 8 号位, 那么 c 先生坐 2 号位, e 先生坐 6 号位, b 先生坐 10 号位, d 先生坐 4 号位。

不管是哪种情况, 每位先生与他的夫人之间总是隔着两个座位, 或按顺时针方向或按逆时针方向。

将杜布瓦夫人安排在 1 号位, 那么杜布瓦先生将坐在 4 号或 8 号位。

现在分析第一种情况: 杜布瓦先生坐在 4 号位。

假设坐在杜布瓦夫人对面 6 号位上的先生为 x, 那么他的夫人 X 坐在 3 号位上 (与其相隔 2 个座位)。X 夫人恰好在杜布瓦先生的左手边(与已知条件不符)。

接着分析第二种情况: 杜布瓦先生坐在 8 号位。

假设坐在 6 号位上的先生为 x, 那么其夫人 X 则坐在 9 号位上 (座位号之差为 3)。

根据已知条件, 杜浦依先生坐在 X 夫人的右手边, 因此, 杜浦依先生坐在 10 号位。根据每对夫妇座位号之差为 3 的原则, 可推断出杜浦依夫人坐在 3 号位。

根据已知条件, 杜邦夫人坐在杜朗先生的左手边。那么只有当杜邦夫人坐在 5 号位且 x 为杜朗先生时假设才能成立。因此, 杜邦夫人坐在 5 号位, 她的先生坐在 2 号位。

剩下的两个位置是杜拉克夫妇的, 座位表如下:

1 号位:杜布瓦夫人

2 号位:杜邦先生

3 号位:杜浦依夫人

4 号位:杜拉克先生

5 号位:杜邦夫人

6 号位:杜朗先生

7 号位:杜拉克夫人

8 号位:杜布瓦先生

9 号位:杜朗夫人

10 号位:杜浦依先生

坐在杜拉克夫人对面的是杜邦先生。

第 98 题　缺席的国旗

小心! 国旗的颜色是从右向左看的,即从旗杆开始看。

五面国旗中,有两面国旗右侧的两种颜色完全相同(3-2)。六个国家中,只有比利时和马里两国的国旗具有这种共性(黄、红)。

由此可知:3＝黄色、2＝红色。

国旗 5-3-2 与国旗 2-3-5 的色序正好相反。只有马里与圭亚那的国旗具有这种特点。因此,5-3-2 为马里国旗,2-3-5 为圭亚那国旗。由此得出 5＝绿色,且 1-3-2 为比利时国旗,可知 1＝黑色。

5-4-2 国旗左侧为绿色右侧为红色,显然是意大利国旗,可知:4＝白色。

6-4-5 国旗后两种颜色为白、绿,为科特迪瓦国旗。

因此,没有出场的是爱尔兰国旗。

第 99 题　彩色运动衫

将菲利浦所给的前三种组合重新抄写一遍,每种颜色用其首字母代

替,如下所示:

$$V \quad R \quad N \quad B \quad J$$
$$B \quad N \quad V \quad J \quad R$$
$$J \quad B \quad N \quad R \quad V$$

假如每种组合中位置正确的颜色互不相同,那么三个组合就有 $3 \times 2 =$ 6 种颜色位置正确,但是实际上只有五种颜色。因此,其中必定有一种颜色至少两次位置正确。其中,只有 N(黑色)满足该条件(在第 3 列中出现了两次)。因此可推断出第三种颜色为黑色。

根据上述分析,可知第二种组合中 N(黑色)与 V(绿色)的位置是错误的。因此位置正确的颜色为 B(白)和 J(黄)、或 B(白)和 R(红),或 J(黄)和 R(红),有以下三种可能:B・NJ・、B・N・R、・・NJR。

B・N・R 与菲利浦所给的第一种组合不符。

B・NJ 应为 BRNJV

・・NJR 应为 VBNJR,最后这种组合与菲利浦所给的第四种组合有两种颜色相同,与已知条件不符。

因此第二种组合是正确的,即:蓝、红、黑、黄、绿。

第100题 盒子游戏

答案是可以。

有两种可能出现的情况:

1. 打开的盒子与盒中纸条同色。那么剩余两个盒子与盒中的纸条颜色相异,为三种颜色中剩余的那种。

2. 打开的盒子与盒中纸条异色。那么与这两者颜色均不同的那个盒子装有和它同色的纸条。在已知哪个盒子与盒内纸条同色的情况下,可按上一种情况接着推算。

第 101 题　谁和谁结婚了

将八人的名字罗列如下,并标注出每个名字的字母数:

| André | 5 | Alice | 5 | Jean | 4 | Juliette | 8 |
| Pierre | 6 | Ariane | 6 | Jacques | 7 | Jasmine | 7 |

André 与 Alice 不是夫妻(因为这对名字不但首字母相同,且所含字母数亦相等)。与已知条件不符。

同样,Jacques 和 Jasmine 也不是夫妻。

那么含有相同字母数的一对名字只可能是:Pierre 和 Ariane。

Alice 既不能和 André 结婚(原因如上所述)也不能和她的兄弟 Jacques 结婚。因此和 Alice 结婚的是 Jean。

Jacques 不能和 Jasmine 结婚,因此和他结婚的是 Juliette。André 则是 Jasmine 的丈夫。

第 102 题　名人丈夫

该题只有一个解,为 D、E、B、A、C,分别是:

Jehanne d'Alcy—Georges Méliès

Catherine Hubscher—François-Joseph Lefebvre

Miléva Maric—Albert Einstein

Geneviève Halevy—Georges Bizet

Marie Lamperière—Pierre Corneille

第 103 题　大小不一的香槟酒瓶

用每种酒瓶的首字母代表该酒瓶。

根据已知条件可得出以下三种可能:

1) •B•M•• 　2) ••B•M• 　3) •••B•M

根据第二项已知条件(Réhoboam 在 Mathusalem 和 Jéroboam 中间)即可将 2)和 3)两种可能性排除,现在只剩下:1) • B • MRJ

最后,根据第一项已知条件(Salmanazar 不是最大的瓶子)可推断出:N-B-S-M-R-J。

从左到右依次分别为:Nabuchodonosor(相当于普通瓶的 20 倍)、Balthazar(相当于普通瓶的 16 倍)、Salmanazar(相当于普通瓶的 12 倍)、Mathusalem(相当于普通瓶的 8 倍)、Réhoboam(相当于普通瓶的 6 倍)、Jéroboam(相当于普通瓶的 4 倍)。

第 104 题 出生日期

下表中,行表示日子,列表示月份,而且可知同一个月中,1 号和 22 号的星期天数相同,3 号和 17 号,4 号和 11 号也是同样的情况。

然后,以任何一年作为参考,比如 2006 年,在第一行的格中填上相应月份 1 号为星期几。第二行填上相应月份 2 号的星期情况,与上面一行相差一天。第三行和第四行依此填写。

	六月	八月	九月	十一月
1 号或 22 号	星期四	星期二	**星期五**	星期三
2 号	**星期五**	星期三	星期六	星期四
3 号或 17 号	星期六	星期四	星期日	**星期五**
4 号或 11 号	星期日	**星期五**	星期一	星期六

到这一步,他们究竟是生于星期三还是星期四已无关紧要。关键在于知道他们都出生于一周当中的同一天,而且每一年他们的生日也都在一周中的同一天*。

在上表中,四列中唯一同时出现的日子是星期五(用粗体字表示)。根据此表,可推断出:André 生于 6 月 2 日;Benoît 生于 8 月 11 日,Didier

生于 9 月 22 日,Claude 生于 11 月 17 日。

* 不管该年是闰年或闰年,2 月 28 日之后的日子都是这样。

第 105 题　符号与工程师

这句话中的每一个单词都与它前面那个单词含有一个相同的字母。因此应该填入的单词应该包含四个字母。唯一的答案只能是:cinq。

第 106 题　杜贝摩尔一家

孩子们的名字是按照音阶来取的,从大到小依次为:DOminique、REgis、MIchelle、FAbien、SOlange、LAurent.照此规律,第七个孩子的名字应以音阶 SI 开头,所以名字应为 Simone。

第十章　寻找消失的文字

第 107 题　数字与花(1)

阿拉伯数字中,颠倒之后能显示为罗马数字的只有 1 和 7(罗马数字形式分别为 I 和 L)

根据题意,前两位数为 3 的倍数,且与罗马数字 I 和 L 相关。那么这个罗马数字只可能是 LI＝51。

因此,该数前两位数为 51,后两位数为 17。反之,我们也可得知花名的前两个字母为 LI,后两个字母为 IS。

花的名称为 LIS(百合花),所求之数为 517。

第108题　数字与花(2)

答案是713705,将计算器颠倒之显示为单词SOLEIL(向日葵)。

$$713705$$
$$SOLEIL$$

第109题　数字与坚果

这种坚果的名称反过来读也必须为字母。罗马数字中符合此项条件的只有I和X或者M(M倒转之后为W)。因此,两位数的罗马数有以下这些可能:

II(大写字母为DEUX),则结果为IIDE

IX(大写字母为NEUF),则结果为IXNE

XI(大写字母为ONZE),则结果为XION

MI(大写字母为MILLE UN),则结果为MIMI

MX(大写字母为MILLE DIX),则结果为MXMI

上面这些数中,只有数字ONZE产生的字母组合XION在颠倒之后为一坚果的名称:NOIX(核桃)。

第110题　躲藏起来的动物(1)

根据已知条件1和2,第五、第二和第八个字母为字母表中三个相连的辅音字母,下页左表中列出了九种可能的组合。

根据已知条件1、3和4,第一和第四个字母均为元音字母且两者在字母表中相隔三个字母(并且两者与第三个字母在字母表中均相隔一个

字母）。因此,第一、第四和第三个字母有三种可能的组合:A-E-C、E-I-G
或 U-Y-W。每种可能的组合还可有一或两种不同的组合方式,如下图右
表所示。由于第一和第六个字母在字母表中相连且间隔一个字母,因为
只有四种组合可能成立,如图所示:

```
1   *  C  *  *  B  *  *  D          A        C  E
2   *  G  *  *  F  *  *  H     10   E  *  C  A  *  G  *  *
3   *  K  *  *  J  *  *  L     11   E  *  G  I  *  C  *  *
4   *  L  *  *  K  *  *  M     12   I  *  G  E  *  K  *  *
5   *  M  *  *  L  *  *  N     13   U  *  W  Y  *  S  *  *
6   *  Q  *  *  P  *  *  R          Y        W  U
7   *  R  *  *  Q  *  *  S
8   *  S  *  *  R  *  *  T
9   *  W  *  *  V  *  *  X
```

接下来,只需将右边的四种组合与左边的九种组合叠合分析,就可看
出只有组合 8(-S--R--T)与组合 10(E-CA-G--)综合起来才能得出一种动
物的名称:

ESCARGOT(蜗牛)

第 111 题　躲藏起来的动物(2)

图 2 中的 ANP 与图 1 中的 FTK 不是同一颗骰子,假若是,那么组成
该骰子六个字母的集合为(ANPFTK),但这种组合在图 3 的任何一颗子
中都未出现。

假若图 2 中的 ANP 与图 1 中的 BE 为同一颗骰子,则组成该骰子的
六个字母集合(ANPBE?),图 3 中只有 EAL 与之相符,可推出该骰子六
个字母集合为(ANPBEL),但图 4 有没有任何一颗骰子与之相符。

假若图 2 中的 ANP 与图 1 中的 CV 为同一颗骰子,则该骰子的六个
字母集合应为(ANPCV?),图 3 中没有任何一颗骰子与之相符。

因此,ANP 与图 1 中的 RE 为同一颗骰子,骰子的六个字母集合为

(ANPRE?)。图 3 中唯一与之相符的骰子为 EAL,因此该骰子完整的字母集合为(ANPREL)。

图 4 中唯一与之相符的骰子为 PR 且根据图 1 中的 RE,可推断出图 4 中第二颗骰子隐藏起来的那面为字母 E。

根据这样的推理方法,可继续推算其余三个字母,最后真相大白于天下,这种动物是 GEAI(松鸦)。

第 112 题　德奥菲尔的单词

根据已知条件,第三、第七、第二、第四和第五个字母在字母表中按序排列,每两者间相隔两个字母。假设第三个字母为 A,则第七个字为 D,第二个字母为 G,第四个字母为 J,第五个字母为 M,可推出单词:

-GAJM-D

如若假设第三个字母为 Z,那么按照相反的字母表顺序,依同样的推理方法可推出单词:

-TZQN-W

现在请将所有可能的单词罗列出来。方法可以为按字母顺序排查,即将第三个字母依次假设为字母 A、B、C 至 Z,如:-GAJM-D、-HBKN-E、-ICLO-F、…也可按字母相反顺序排查,即将第三个字母依次假设为 Z、Y、X 至 A,如:-TZQN-W、-SYPM-V、-RXOL-U,等等。

待列出全部 28 种可能的组合,可发现唯一能组成单词的组合只能是:

-OULI-R

单词两端的两个字母在字母表中相邻,因此第一个字母为 S,所找的单词为:SOULIER(高跟鞋)。

第113题 顺序单词

已知所求单词由五个字母组成且这五个字母各不相同,而且该单词与下表中的单词各有一个相同字母。因此下表中多次出现的字母将不会出现在我们所寻找的单词中。可将列表简化成:

第一个字母为 FC 中其一

第二个字母为 PH 中其一

第三个字母为 GI 中其一

第四个字母为 BOD 中其一

第五个字母为 UT 中其一

根据字母表先后顺序,字母 G 排在 P 和 H 之前,因此第三个字母不可能为 G,可排除。同理,第四个字母亦不可能为 B 和 D,可排除。

没有任何一个单词是以 FH、FP 或 CP 开头的,因为剩下唯一可能的组合为 CHIOU 和 CHIOT,这两者中,只有 CHIOT(小狗)是法语单词。

第114题 反序单词

与前一题的推理方法相似,列表中所有多次出现的字母均不可能出现在我们所寻找的单词中,因此,列表可简化成:

第一个字母为 ST 中其一

第二个字母为 BR 中其一

第三个字母为 OU 中其一

第四个字母为 VN 中其一

第五个字母为 CMP 中其一

根据字母表的反向顺序,第二个字母不可能为 B,第三个字母不可能为 U,第四个字母不可能为 V,第五个字母不可能为 P。

剩下可能的组合为:SRONC,SRONM,TRONC 和 TRONM。这四

个组合中,只有 TRONC(树干)是法语单词。

第 115 题　神奇的密码机

仔细观察单词 ECHIQUIER 前 10 组代码:

0	E	C	H	I	Q	U	I	E	R
1	T	B	X	P	Y	L	P	T	N
2	H	S	Z	U	M	I	U	H	D
3	X	V	E	L	F	P	L	X	G
4	Z	K	T	I	O	U	I	Z	C
5	E	R	H	P	A	L	P	E	B
6	T	N	X	U	J	I	U	T	S
7	H	D	Z	L	Q	P	L	H	V
8	X	G	E	I	Y	U	I	X	K
9	Z	C	T	P	M	L	P	Z	R
10	E	B	H	U	F	I	U	E	N

可以发现每列中的字母呈现出一种周期性的重复。比如,每当行数为 5 的倍数时,字母 E 和 H 就重复出现。

每当行数为 4 的倍数时,字母 I 和 U 重现(0、4、8 行)。

每当行数为 9 的倍数时,字母 C 和 R 重现。

假若皮埃尔得到的结果为 ECHIQUIER,那是因为他所输入的数字同时为 5、4、7 和 9 的倍数且小于 2000。因此,皮埃尔输入的数字为 1260,只有该数是上述四个数的最小公倍数。

第 116 题　相似的名字

答案是:Rolande—Léonard;Dorothée—Théodore;Marion—Romain;Mélanie—Mélaine;Sidonie—Sidoine。

第 117 题　躲藏起来的单词(1)

先假设首位字母不为 C。那么后四个字母中，RAIE 中有三个正确字母且 LOWN 中有两个正确字母，即字母集合(R，A，I，E，L，O，W，N)中有五个正确字母，但是我们所寻找的单词实际却只有四个字母，假设不成立。

因此，首字母必定为 C。

单词 SILEX 与所寻找的单词只一个字母相同，且单词 MULET 与所找的目标单词没有任何一个字母相同，因此可知目标单词有两种可能形式：

CI---或 C---X

那么，单词 CRAIE 中还存在两个位置正确的字母，由于 GLAND 一词中没有任何一个正确字母，所以上述两种可能组合扩展为：CI-IE 或 CR-IX。

最后一个正确字母应在单词 CLOWN 内，可推断出最后一个所找字母为 O，得出组合 CIOIE 与 CROIX(十字)，只有后一个单词才是法语单词。

第 118 题　躲藏起来的单词(2)

BARON 与 MULET 两词没有任何一个字母相同。所寻找的目标单词与 MULET 有三个相同字母且与 BARON 有两个相同字母。因此所求的五个字母属于集合(B，A，R，O，N，M，U，L，E，T)。

根据以上分析，可从 CHAMP 中排除字母 C，H 和 P，也就是说 A 和 M 为所找字母。

字母 A 和 M 亦出现在单词 ROMAN 中，可知 ROMAN 中的 R，O 和 N 三个字母不是所求字母，据此可推断出 BARON 一词中正确的两个字母为 B 和 A。

O，I 和 S 均不为所要找的字母。因此 LOUIS 一词中正确的两个字母为 L 和 U,因此五个目标字母为:A、B、L、M 和 U。

接下来将这几个字母各归其位。其中,只有 B 从未在第三列出现过,因此第三个字母应为 B。

M 除了第五列,其余位置全都出现过。因此,第五个单词为 M。

目标单词终于浮现:ALBUM(相册)。

第 119 题　鸟名

每幅图中,通过最右边的骰子的朝向可得知 n、s、c 和 i 的位置,其中,c 和 i 相对。接着就可确定 p 和 o 的位置,因为 o 与 c 同时出现在图中。

一旦破解了骰面的各个字母(如图所示),背面所掩藏的单词也就随即显现了:pinson(燕雀)。

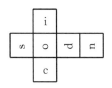

第 120 题　纸牌与数字

	S	E	**P**	T	
	H	U	**I**	T	
C	I	N	**Q**		
	D	E	**U**	X	
O	N	Z	**E**		
C	E	N	**T**		

注意:其中数字 DEUX 也可换成数字 NEUF。

第 121 题　数字与城市

假设所求数目为 ABCDE（E＞A）。其反序数则为 EDCBA。

ABCED＝10000A＋1000B＋100C＋10D＋E

EDCBA＝10000E＋1000D＋100C＋10B＋A

两式之差可表达成：9999E＋990D－990B－9999A。

该差为 $99=3^2 \times 11$ 的倍数。根据题意为一个完全立方数。因此,该差只能为：$3^3 \times 11^3 = 35937$。

由此可推出 E＝A＋3,即 A 的值域为 1～6 之间,其中 2 可排除,因为 2 倒转之后无法对应任何一个字母。而且 D＝B＋6,即可推出 B 的值域为 0～3,其中 2 可排除,原因同前。

即:A 有 5 个可能值,B 有 3 个可能性,那么 AB 加在一起有 15 种可能性。

得知 AB 可推知 DE。在已知 AB 和 DE 的情况下,我们将能得出城市的名称。

答案：AB＝51,DE＝78。所求的数目为 51078,将其显示在计算器上并将其倒转之后可看到布洛瓦城的名称（BLOIS）。

51078　BLOIS

第十一章　填字游戏

第 122 题　各就各位

首先应将四个以字母 ON 结尾的单词（LUDION-FLACON-

OIGNON-ESPION)填入表格之中,四个字母 N 位于表格末四列,各占其
一。然后根据剩余格子填入单词 TULIPE 和 ESQUIF。剩下的就很容
易填了。

	B	U	V	A	R	D			
C	A	N	A	R	D				
		C	H	E	V	A	L		
E	S	P	I	O	N				
			E	S	Q	U	I	F	
			F	L	A	C	O	N	
		L	U	D	I	O	N		
		N	I	C	K	E	L		
	O	I	G	N	O	N			
	T	R	O	M	P	E			
			T	U	L	I	P	E	
	V	E	R	G	E	R			

第 123 题　化学元素周期表

A	R	G	E	N	T			
	B	A	R	Y	U	M		
		C	E	S	I	U	M	
	C	H	L	O	R	E		
		C	O	B	A	L	T	
C	U	I	V	R	E			
H	E	L	I	U	M			
		N	I	C	K	E	L	
	O	S	M	I	U	M		

　　首先应将四个以字母 UM 结尾的单词(BARYUM-CESIUM-HELI-
UM-OSMIUM)填入表中,四个字母 M 位于表格末四列,各占其一。而
且由于 OSMIUM 还有另一个字母 M,所以该单词不能从第三列填起。

以同样的方法填入四个以字母 C 为首的单词。这四个字母 C 居表格前四列,各占其一。这样,单词 NICKEL 只能从第三或第四列填起。

以 UM 结尾的单词中又有三个是以 IUM 结尾的。因此三个字母 I 分别占用相连的三列(可以是第四、第五、第六或第七列)。由于 NICKEL 中的字母 I 位于第四或第五列,可推断出 NICKEL 中的字母 I 与组合 IUM 中的字母 I 不在同一列且它与 BARYUM 中的字母 Y 同处一列。

由于 NICKEL、CESIUM、HELLUM 和 OSMIUM 中的四个字母 I 分别位于第四、第五、第六和第七列,CUIVRE 中的字母 I 位于第三列,这样,CUIVRE 的位置就能确定下来。

NICKEL 和 BARYUM 有两种填法。答案如图所示。

第 124 题　两个字母 O

五个单词中,两个字母 O 的间距分别 1 格(ZOO)、2 格(LOTO)、3 格(OISON)、4 格(OIGNON)和 5 格(ONCTION)。

现在列出表格(如下方所示):将 1～10 十个数填入上面两行,第三行为上方两数之差,依次为 1、2、3、4、5,正好是各单词中两个字母 O 间隔的格数。

10	4	8	7	6
9	2	5	3	1
1	2	3	4	5
ZOO	LOTO	OISON	OIGNON	ONCTION

将上表最后一行的单词填入下表中时,每个单词中的字母 O 都只需按上面两行所显示的数字填入相应格中即可。

因此,LOTO 中的两个字母 O 可填入下表的第二和第四列。ONCTION 则必须填入目标表格中的第一和第六列。

在所有可能的填法中,只有两种填法才能使得这五个单词全部填入这个 10×3 格的表中,其中一解如下图所示。

O	N	C	T	I	O	N	Z	O	O
L	O	T	O	O	I	S	O	N	
		O	I	G	N	O	N		

第125题　鸟名大填空

开启本题谜底大门的其中一把钥匙就是横 7。该位置所填的单词的首字母同时也是另一个单词的首字母,因此该字母只能为 C、F、P 或 T。

该单词的第三个字母同样也是另一单词的首字母,这样,横 7 位置可排除下列单词:CAILLE、COUCOU、FAISAN、FAUCON、PIVERT、TORCOL 和 TOUCAN。

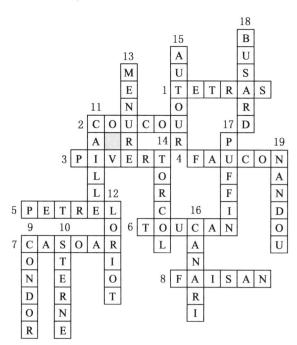

该单词的尾字母是另一单词的第三个字母,这样横 7 位置就可继续排除下列单词:PETREL、CANARI(当然 CAILLE 和 FAISAN 可以填到纵 12 的位置,但相对于横 5 位置而言,没有任何一个鸟名尾字母为 C 或 F,所以可排除)、PUFFIN(虽然纵 12 位置可填上 CANARI、MENURE 或 CONDOR,但这样的话横 5 位置将无词可填)、TETRAS(只有 CASOAR 和 BUSARD 可填入纵 12,但横 5 位置没有单词是以字母 C 或 B 结尾的。)

结论:横 7 位置只能填入 CASOAR 或 CONDOR。两词的最后一个字母为 R。在纵 12 位置,也只剩下两种可能:TORCOL 和 LORIOT。

综合分析横 5 和纵 11(要求首字母须为另一单词的首字母)提供的可能性,就可以很快排除 TORCOL。因此横 7 位为 CASOAR 或 CONDOR,纵 12 为 LORIOT;横 5 为 PETREL,纵 11 为 CAILLE,横 3 为 PIVERT,依此类推。

剩余部分就可迎刃而解了。此题只有一解,如上所示。

第 126 题　21 个单词的拼图

此题只有一解,如图:

第 127 题　对角线

此题有多解。下图为其中一解:

A	P	R	E	S
A	S	P	R	E
R	E	P	A	S
P	A	R	E	S
E	S	P	A	R

第 128 题　填字游戏(1)

P	O	U	T	R	E
R	I	T	U	E	L
U	S	I	T	E	E
N	I	L			V
E	V	E	N	T	E
S	E	S		A	S

第 129 题　填字游戏(2)

D	O	M	I	N	E	E	S
E	R	O	T	I	S	M	E
C	I	T	A			P	
I	F		L	E	S	A	S
S	I	L	I	C	A	T	E
I	C	A	Q	U	I	E	R
V	E	L	U		N		I
E		O	E	S	T	R	E

第130题　位置大挪移

根据题目的已知条件,所有的操作只使得各行或各列的位置发生变化,但每行或每列中字母的顺序原封未动。

根据 A 列的字母可得出单词 ROMANESQUE(浪漫的)。将这些字母按单词顺序归位后可得出左表。

根据第一行的字母可得出单词 HIRONDELLE。将这些字母按单词顺序归位后即可得到原先的表格,如右图所示:

	A	B	C	D	E	F	G	H	I	J
1	R	L	I	N	E	H	E	L	D	O
2	O	E	R	E	P	A	D	I		M
3	M	A	E	O	I	R	I	N	B	B
4	A			N	C	M	T	A	I	R
5	N	E	R		I	O	S	C	L	A
6	E			A	E	N		E	L	G
7	S	N	N	R	R	I	T	E	E	E
8	Q	O		I		C	I	S		U
9	U	C	M	A	T	A	E		I	S
10	E	E	U		U	S	N	M	L	E

	A	B	C	D	E	F	G	H	I	J
1	H	I	R	O	N	D	E	L	L	E
2	A	R	O	M	E		P	I	E	D
3	R	E	M	B	O	B	I	N	A	I
4	M		A	R	N	I	C	A		T
5	O	R	N	A		L	I	C	E	S
6	N		E	G	A	L	E	E		
7	I	N	S	E	R	E	R	E	N	T
8	C		Q	U	I			S	O	I
9	A	M	U	S	A	I	T		C	E
10	S	U	E	E		L	U	M	E	N

第131题　填字与填数游戏

法国各省中,相邻两省的代号互为反序数的只有伊勒—维莱讷省(Ille-et-Vilaine,35)和马延省(Mayenne,53)。因此,右表横一左应填 15(5×3＝15)。

将1~9十字数字依次代入横二的首位,可得出横二应填735(7×7×15＝735)。

接下来确定横四。前两位数的三倍仍然为两位数,因此可知中间那个数字为 1 或 3(还记得吗,数字 2 不算)。第三个数字为 7 或 1,因此横四位置可以填 517 或 931。但只有 517 在颠倒之后与填字游戏所给的 12 种提示之一相符（LIS 是一种花名，百合花）。

至此，我们已经得到足够的信息，剩余部分就不难解答了，答案如图所示。

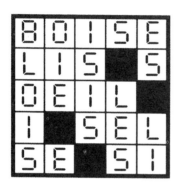 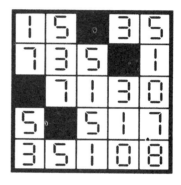

 第十二章 巧解画谜

第 132 题　猜一女名

谜底：Éléonore

谜面为一指南针，但朝北方面所标注的字母并非传统的 N，而是字母 L。因此，该谜面可理解成 L est au nord.（L 在北方。），这个句子的读音与 Élénore 相同。

第 133 题　猜一男名(1)

谜底：Pascal

谜面是 1 牛顿/米^2,其相应的压强单位为 Pascal(帕斯卡),同时也是一个男名。

第 134 题　猜一男名(2)

谜底:Louis

字母 L 后面那个☞也是小提琴音箱上音孔的形状,音孔在法语中为 ouïe,所以整个图形连起来读即为 Louis。

第 135 题　猜一国王的名字

谜底:César(恺撒)

谜面正方形的面积为 1600 平方米,100 平方米等于 1 公亩,即 1000 平方米=1 公亩,那么 1600 平方米即为 16 公亩,正好与 César 同音。

第 136 题　猜一鸟名(1)

谜底:Avocette(反嘴鹬)

谜面可读成 A vaut 7,正好与谜底的读音相同。

第 137 页　猜一鸟名(2)

谜底:OIE(鹅)

请将书本颠倒过来,这样您就可以看到算式 62×5,乘积为 310。然后再将书本转正,此时 310 就变成 OIE 了。

$$E10 \longrightarrow OIE$$

第 138 题　猜一法国省份的名称(1)

谜底:Aveyron(阿韦龙省)

谜面中的圆圈可读成 rond,这样整个谜面就读成 A V rond,正好与谜底的读音相同。

第 139 题　猜一法国省份的名称(2)

谜底:Les Ardennes(阿登省)

谜面正方形的面积为 100 平方米,即 1 are(1 公亩),正方形中全为字母 N,即 1 公亩的 N,表示成法语即为:are d'n,读音正好与谜底相同。

第 140 页　猜一法国数学家

谜底:Poincaré①

谜面为一点一正方形,法语读成 point, carré,读音正好与谜底相同。

第 141 题　猜一花名

谜底:Pissenlit(蒲公英)

谜面为单词 PIE 少了字母 I,法语读成 PIE sans l'I,读音正好与谜底相同。

第 142 题　囚笼中的学生

谜底:Ascenseur(电梯)

谜面为一红心 As,圈中句意为"我是独生儿子",即无姐妹。所以谜面可读成:As sans soeur(没有姐妹的 As),其读音正好与谜底相同。

第 143 题　谜中谜

第一个问题相对简单,五个黑点依次为 4、2、1、0、6,连起来读即

① 译者注:彭加莱(Poincaré,1854—1912),法国数学家,工作横跨数学与科学多领域,对 20 世纪数学业影响深远,被视为世上最后一位数学通才。

为：Catherine de Médicis①。

第二地理画谜中，8个地图依次代表以下地名：Ain-Thiers-Decize-Sancy-Foix-Troyes-Sens-Sète②，这些地名连起读即为：

Un tiers de six cent six fois trois cent sept

即：$606 \times 307/3 = 62014$

答案中的五个数字正好与第一个问题中的相同。

第十三章　破译数字拼图

第 144 题　罗多填数游戏

索菲的表格

首先可删去表中所有的完全平方数、质数及数字相同的两位数。

很快我们就可以发现六个数中必定含有 27（唯一带 7 的数）和 39（唯一带 9 的数）。根据已知条件，其中有两个相连的数且 0～9 个数字各只出现一次。根据表格所示，两个相连且各位数字不重复的数只能是 39 和 40。

十个数字组成六个数！那么这六个数中必定有两个一位数和四个两位数。四个两位数的第一个数字必定为 1、2、3、4。因此，两个一位数只能是 6 和 8。

---

① 译者注：凯瑟琳·德·梅第奇（Catherine de Médicis，1519—1589），法国王后，是瓦卢瓦王朝国王亨利二世的妻子与随后 3 位国王的母亲。

② 译者注：这 8 个地名分别是：安省、蒂埃省、德西兹、桑西、富瓦、特鲁瓦、桑斯、塞特。

	10	20	30	40
1	11	21	31	41
2	12	22	32	42
3	13	23	33	43
4	14	24	34	44
5	15	25	35	45
6	16	26	36	46
7	17	27	37	47
8	18	28	38	48
9	19	29	39	49

最后两个未被用到的数字是 1 和 5,可组成 15。因此索菲选择的六个数为:6-8-15-27-39-40。

索兰的表格

数字 1~6 分别使用了两次,即六个数共有 12 个数字。因此六个数全部为两位数。

首先删去表中所有的完全平方数、质数、一位数及所有带有数字 0、7、8、9 的数(根据已知条件,这几个数字不出现在所求的数中)。

根据表格所示,两个数字 6 只能出现在数 26 和 46 中,这样我们可将数 22 和 44 排除(否则,这六个数中将出现三个 2 和三个 4)。

两个相连的数可有以下三种情况:

1. 假设是 14 和 15,那么剩下未用的数字是 2、3、3、5,可组成数 32 和 35。

2. 假设是 34 和 35,那么剩下未用的数字是 1、1、2、5,可组成数 12 和 15 或 21 和 15。

3. 假设是 46 和 46,那么剩下未用的数字是 1、1、2、3、3、5,至少组成三个数字。

假设第二个 5 包含在数 35 当中,那么数字 1、1、2、3 可组成的两个数中总有一个质数:11、13、23 或 31。

假设第二个 5 包含在数 15 当中,那么数字 1、2、3、3 可组成两个两位数,且均不包含质数或完全平方数:12 和 33 或 21 和 33。

这样就有五种可能的组合:

	10	20	30	40
1	11	21	31	41
2	12	**22**	32	42
3	13	23	33	43
4	14	24	34	**44**
5	15	25	35	45
6	16	26	36	46
7	17	27	37	47
8	18	28	38	48
9	19	29	39	49

14-15-26-32-35-46

12-15-26-34-35-46

15-21-26-34-35-46

12-15-26-33-45-46

15-21-26-33-45-46

第 145 题　足球盛会

Barbarie 在与 Palombie 和 Cocagne 的两场比赛中均踢平,由于 Cocagne 进球数为 0,因此 Barbarie 与 Cocagne 的比分为 0—0。

假设 Palombie 与 Barbarie 的比分为 A—A。Barbarie 总共进 4 球失 3 球。因此 Barbarie 与法国队的比分为(4—A)比(3—A)。

法国队输掉了与 Barbarie 的比赛,但其他两场比赛均获胜利。三场比赛共失 3 球,已知在与 Barbarie 的比赛中,法国队失球数为 $4-A$;在与 Cocagne 的比赛中,由于 Cocagne 的进球数为 0,因此这场比赛法国队未失球;那么,在与 Palombie 的比赛中,法国队失球数为 $3-(4-A)$,即 $A-1$。

Palombie 共进 5 球。已知在与 Barbabie 的比赛中进了 A 球,且在与法国队交锋中进了 $A-1$ 球,因此 Palombie 在与 Cocagne 的比赛中,进球数为:$5-A-(A-1)=6-2A$。

Cocagne 共失 5 球。已知在与 Palombie 的比赛中失掉 $6-2A$ 球,在与 Barbabie 的比赛中未失球,因此在与法国队的比赛中失球数为:$5-(6-2A)=2A-1$ 球。

法国队共进 5 球,已知在与 Barbabie 比赛中进了 $3-A$ 球,在与 Cocagne 比赛中进了 $2A-1$ 球,因此在与 Palombie 比赛中,进球数为 $5-(3-A)-(2A-1)=3-A$。根据假设参数 A,我们可以得出左表。

根据第六行中法国队战胜 Palombie,可得出 $3-A>A-1$,由此推出 $A<2$。由于 A 的数值不能为 0,否则 $A-1$ 的值为负,所以 A 的数值只可能为 1。用 1 代替左表中的 A,得出六场比赛的得分,如右图。

Palombie	A	Barbarie	A
France	$2A-1$	Cocagne	0
Cocagne	0	Palombie	$6-2A$
Barbarie	$4-A$	France	$3-A$
Barbarie	0	Cocagne	0
France	$3-A$	Palombie	$A-1$

Palombie	1	Barbarie	1
France	1	Cocagne	0
Cocagne	0	Palombie	4
Barbarie	3	France	2
Barbarie	0	Cocagne	0
France	2	Palombie	0

第 146 题 自指表格

两表的解如图所示:

1

4	2	2	2	2
9	0	2	1	0
0	0	2	2	1
4	1	4	2	5
1	4	6	6	2

2

1	7	6	3	3
0	3	4	6	3
6	0	6	3	6
4	0	6	7	4
0	4	7	3	6

第147题　多米诺拼图

答案如图所示：

1	1	0	0	2	3	4	1
3	0	1	5	1	5	5	6
3	4	2	3	4	6	1	4
1	4	2	3	4	6	6	4
1	3	6	6	2	5	0	0
2	5	4	6	6	5	3	2
3	5	5	0	0	2	2	0

表1

0	1	1	2	3	1	4	5
5	6	3	0	3	1	0	6
2	4	1	6	2	2	0	1
0	0	5	5	5	4	3	3
2	4	0	3	1	1	2	6
5	6	3	4	6	2	2	6
4	3	5	4	4	0	5	6

表2

0	1	1	2	3	4	5	5
0	5	1	5	5	4	4	6
3	2	0	4	2	0	1	1
3	6	6	4	2	2	5	5
1	6	0	1	5	0	6	6
6	1	0	3	3	0	3	3
4	2	2	6	4	2	4	3

表3

第148题　多米诺大猜想

6	5	1	0	4	3
1	0	4	2	6	5
4	6	3	1	0	2
2	3	5	4	1	0
5	4	0	3	2	6
0	2	6	5	3	1

4	5

2	1

6	3

附录 1:阿拉伯数字与法语字母数字对照表

阿拉伯数字	法语字母数字	阿拉伯数字	法语字母数字
1	UN	51	CINQUANTE ET UN
2	DEUX	52	CINQUAQNTE-DEUX
3	TROIS	60	SOIXANTE
4	QUATRE	61	SOIXANTE ET UN
5	CINQ	62	SOIXANTE-DEUX
6	SIX	70	SOIXANTE-DIX
7	SEPT	71	SOIXANTE ET ONZE
8	HUIT	72	SOIXANTE-DOUZE
9	NEUF	73	SOIXANTE-TREIZE
10	DIX	74	SOIXANTE-QUATORZE
11	ONZE	75	SOIXANTE-QUINZE
12	DOUZE	76	SOIXANTE-SEIZE
13	TREIZE	77	SOIXANTE-DIX-SEPT
14	QUATORZE	78	SOIXANTE-DIX-HUIT
15	QUINZE	79	SOIXANTE-DIX-NEUF
16	SEIZE	80	QUATRE-VINGTS
17	DIX-SEPT	81	QUATRE-VINGT-UN
18	DIX-HUIT	82	QUATRE-VINGT-DEUX
19	DIX-NEUF	83	QUATRE-VINGT-TROIS
20	VINGT	84	QUATRE-VINGT-QUATRE
21	VINGT ET UN	85	QUATRE-VINGT-CINQ
22	VINGT-DEUX	86	QUATRE-VINGT-SIX
23	VINGT-TROIS	87	QUATRE-VINGT-SEPT
24	VINGT-QUATRE	88	QUATRE-VINGT-HUIT
25	VINGT-CINQ	89	QUATRE-VINGT-NEUF
26	VINGT-SIX	90	QUATRE-VINGT-DIX
27	VINGT-SEPT	91	QUATRE-VINGT-ONZE
28	VINGT-HUIT	92	QUATRE-VINGT-DOUZE
29	VINGT-NEUF	93	QUATRE-VINGT-TREIZE
30	TRENTE	94	QUATRE-VINGT-QUATORZE
31	TRENTE ET UN	95	QUATRE-VINGT-QUINZE
32	TRENTE-DEUX	96	QUATRE-VINGT-SEIZE
39	TRENTE-NEUF	97	QUATRE-VINGT-DIX-SEPT
40	QUARANTE	98	QUATRE-VINGT-DIX-HUIT
41	QUARANTE ET UN	99	QUATRE-VINGT-DIX-NEUF
42	QUARANTE-DEUX	100	CENT
49	QUARANTE-TROIS	1000	MILLE(或为 MIL①)
50	CINQUANTE	1000000	MILLION

① 译者注:在表示公元纪年时,1000 的大写形式可以为 MILLE 或 MIL。

附录 2:法国法定节假日简介

1. 元旦(Jour de l'An):1 月 1 日

2. 复活节(les Paques):亦称"耶稣复活瞻礼",或"主复活节",是为纪念耶稣复活的节日。通常为每年过春分月圆后的第一个星期天为复活节,一般在 3~4 月份,次日星期一放假。

3. 劳动节(la Fête du Travail):5 月 1 日

4. 第二次世界大战胜利纪念日:5 月 8 日

5. 耶稣升天节(l'Ascension):亦称"耶稣升天瞻礼"或"主升天节",是基督教纪念耶稣"升天"的节日。通常将复活节后第 40 日(5 月 1 日和 6 月 4 日之间)定为"耶稣升天节"。这个节日多在星期四,放假一天。

6. 圣灵降临节(Pentecôte):亦译"圣神降临瞻礼",是基督教重大节日之一。教会规定每年复活节后第 50 日为"圣灵降临节"。圣灵降临节为复活节后第七个星期日,放假两天。

7. 国庆节(la Fête nationale):7 月 14 日

8. 圣母节:8 月 15 日

9. 万圣节(Toussaint):11 月 1 日

10. 第一次世界大战胜利纪念日:11 月 11 日

11. 圣诞节:12 月 25 日